Silke Kipper

Vom Glück des Vogelgesangs

Zehn Porträts beliebter Singvögel

Mit farbigen Illustrationen von
Marieke Nelissen

Insel Verlag

Insel-Bücherei Nr. 1548

Vom Glück des Vogelgesangs

Inhalt

Einleitung

Vogelgesang macht glücklich.

Mein Arbeitstag beginnt morgens um sechs. Noch schlaftrunken versuche ich, die Stimmen von Meise, Amsel und Hausrotschwanz im Vogelkonzert vor meinem Fenster zu unterscheiden. Doch was ist das? Der fetzige Vortrag eines Mönchsgrasmückenmannes katapultiert mich in den Hellwach-Zustand. Der singt doch sonst gar nicht hier? Vielleicht hat er den Radius seiner morgendlichen Tour um den Block, in dessen verwildertem Gartenherz er residiert, erweitert? Ähnlich glückliche Momente bieten mir die Konzerte der Nachtigall im Frühjahr in den Stadtparks, das tapfere Ansingen einer einzelnen kleinen Meise gegen den Januar-Frost, die fröhliche Kakophonie der Rauchschwalben auf der Stromleitung, aber auch das erste Wahrnehmen vorher noch nie gehörter Vogelstimmen auf Reisen in ferne Länder.

Fest steht, dass ich mit meinen Glücksmomenten beim Wahrnehmen von Vogelgesang nicht allein bin. Durch die Jahrhunderte ziehen sich Schilderungen, in denen Menschen in großer Not, in misslichsten Umständen oder auch in Augenblicken des Glücks von Vogelgesang begleitet wurden. Eine großangelegte, 2021 publizierte Studie suchte nach der Empirie hinter diesen Schilderungen. Dabei wurden über 40 000 Menschen aus 34 europäischen Ländern nach ihrer Lebenszufriedenheit und ihren sozioökonomischen Verhältnissen befragt. In einem zweiten Schritt wurden diese Daten mit allen möglichen Natur- und Landschaftsindikatoren abgeglichen. Und siehe da, Menschen, die in Gegenden leben, in denen es viele verschiedene Vogelarten zu sehen und zu hören gibt, sind glücklicher. Die Lebenszufriedenheit steigt mit höherer Artendichte genauso wie mit höherem Einkommen! Nun ist natürlich spätestens seit der Geschichte mit den Störchen und den Babys bekannt, wie viel Vorsicht beim Interpretieren solcher Korrelationen geboten ist. Die Forscherinnen bieten zwei Erklärmodelle an: entweder unterschiedliche Vogelarten wahrzunehmen beglückt tatsächlich. Oder Landschaften, die vielen Vogel-, Tier- und Pflanzenarten Lebensraum bieten, beglücken auch Menschen. In einer anderen Studie wurde gezeigt, dass es tatsächlich auch ganz unmittelbar um den Gesang geht. Entlang von Wanderwegen wurden aus versteckten Lautsprechern zusätzlich zur natürlichen Soundlandschaft noch weitere Gesangsaufnahmen eingespielt. Das Ergebnis nannten die Forscherinnen »Phantom«-Chorus. Wanderer nahmen diesen Phantomchorus als erhöhte Artendichte wahr. Parallel dazu fühlten sie sich wohler und waren in besserer Stimmung. Nur wegen ein paar Vogelstimmen mehr! Laborstudien bestätigen diese semi-natürlichen Ansätze: Beim Hören von Naturklängen werden weniger negative Emotionen empfunden als beim Hören von urbanen Klangkulissen. Tendenziell waren die Studienteilnehmer nach dem Hören von Naturklängen sogar besser im Lösen kognitiver Aufgaben. Mit modernen Bildgebungsverfahren wurde versucht zu klären, welche Areale und Verbindungen unseres Gehirns hierfür verantwortlich sind. Die Befunde sind wenig robust und mit aller Vorsicht zu genießen, doch es scheint so, als würden Naturklänge die Verarbeitungseffizienz des Gehirns steigern, indem sie selbst wenig Aufmerksamkeit auf sich ziehen. Mit anderen Worten, Naturklänge helfen, die Aufmerksamkeit auf anderes zu fokussieren. Urbane Klangkulissen fordern dem Gehirn dagegen selbst Aufmerksamkeit ab. Vielleicht würden Vogelfreunde die Ergebnisse solcher Studien verfälschen, denn *ihr* Fokus würde ganz auf das Erkennen der zu hörenden Arten umschalten. Apropos, auch die Expertise, Vögel visuell oder am Gesang zu erkennen, wurde schon wissenschaftlich untersucht. Expertinnenwissen ändert tatsächlich das Gehirn. Areale für die Wahrnehmung von visuellen Details oder auch subtilen akustischen Details ändern sich bei passionierten Ornithologinnen nicht anders als bei Taxifahrern oder Musikerinnen.

So viele Arten – von der Qual der Wahl

Es gibt mehr als 5200 Singvogelarten auf der Welt. Das sind mehr als die Hälfte aller Vogelarten überhaupt. Zehn davon werden auf den folgenden Seiten porträtiert. Auswahlkriterien waren neben allgemeiner Bekanntheit, der Verbreitung und der besonderen Beziehung zum Menschen zugegebenermaßen auch meine persönliche Präferenz. Doch damit geht es mir nun wie Vladimir Nabokov, der eine Einführungsvorlesung über die russische Literatur damit begann, Entschuldigungen an alle Autoren auszusprechen, die es nicht in seinen persönlichen Kanon geschafft hatten. Er fühlte deren Geister hinter jeder Ecke des Unikorridors mit Beschwerden lauern. Ganz ähnlich klingt es in meinem Ohr nun, als würden Buchfink und Grünfink ebenso wie Stieglitz und Girlitz ihrem Gesang neuerdings einen leicht eingeschnappten Beiklang untermischen, weil sie es nicht in die Auswahl geschafft haben. Die Bachstelze scheint schnippisch mit ihrem sehr langen, der Zaunkönig mit seinem allzu kurzen Schwanz zu wippen wegen Nichtberücksichtigung. Ich kann ihnen, ebenso wie der Singdrossel, der Heckenbraunelle, dem Gelbspötter, dem Ortolan oder der Mönchsgrasmücke, nur beipflichten – wie können sie nicht dabei sein im Reigen der faszinierenden Sangesschar. Damit nicht genug, auch die Familien oder Gattungen, die es ins Büchlein geschafft haben, scheinen nicht zufrieden. Warum ausgerechnet die Elster als Vertreterin der Rabenvögel?

Hat der Rabe selbst nicht die deutlich stärkeren Auftritte in Mystik und Märchen? Warum fiel die Wahl auf die zierliche Blaumeise, statt der präsenteren Kohlmeise den Vortritt zu lassen? Und wieso noch ein Porträt der Nachtigall, wo es doch endlich auch einmal Zeit wäre, das Blaukehlchen vorzustellen! Für Rauch- und Mehlschwalbe mag das Gleiche gelten. Es hilft nichts, viele Geschichten müssen darauf warten, später erzählt zu werden. Hier stehen zehn für alle.

Die Feldlerche

Alauda arvensis (Linnaeus 1758)

»Willst du schon gehn? Der Tag ist ja noch fern. Es war die Nachtigall, und nicht die Lerche …« Wer Nachtigall sagt, muss auch Lerche sagen. So omnipräsent sind die Worte, die Shakespeare seinem berühmtesten Liebespaar in den Mund legt. Aber was genau wird da eigentlich zwischen Julia und Romeo über Vogelgesang verhandelt? Der Dialog beschließt einen heimlichen nächtlichen Besuch von Romeo bei Julia. Der Besuch war dank einer Strickleiter und der Komplizenschaft der Amme möglich. Romeo will gegen Morgen das feindliche Haus verlassen. Doch wann genau ist das eigentlich – gegen Morgen? Die schlagende Kirchturmuhr war zwar im 16. Jahrhundert schon erfunden, aber Shakespeare lässt die jungen Leute stattdessen die »Vogeluhr« befragen. Während Romeo sich durch den Gesang der Lerche, der Tagverkünderin, zur Eile gemahnt hört, interpretiert Julia den Gesang als den der Nachtigall, die des Nachts auf dem Granatbaum singt. Aus ihrer Sicht also kein Grund zur Eile. Wenig später ändert Julia angesichts der heraufziehenden Morgenröte allerdings ihre Meinung und schreibt den Gesang doch der Lerche zu. Und nicht nur das, sie lässt einen regelrechten Shitstorm über den Vogel hereinbrechen. Dass er heiser und falsch singe, Misstöne gurgele. Sie meint sogar gehört zu haben, dass die Lerche ihre Augen mit der Kröte getauscht hat. Besser fänd' das Fräulein es, wenn sie auch die Stimme getauscht hätten. Denn schließlich ist die Lerchen-Stimme schuld daran, dass der Liebste davoneilen muss. Als wenn die Lerche etwas für zerstrittene Herrschaftshäuser könnte!

Glücklicherweise ist zwar das Nachtigall-Lerche-Zitat, aber nicht die anschließende Schimpftirade des Fräulein Capulet viral gegangen. So erfreut sich die Feldlerche bis heute großer Beliebtheit. Und tatsächlich singt die Lerche ausgesprochen früh am Morgen. Ihr Gesang beginnt deutlich vor Sonnenaufgang, mehr als eine Stunde früher, während die »Langschläfer« unter den Singvögeln erst kurz vor Sonnenaufgang mit in den Morgenchorus einsteigen. Wer oder was weckt denn aber eigentlich die Lerche (und all die anderen Sänger)? Sie haben eine innere Uhr, die Zeitspannen misst. Diese Uhr muss selbstverständlich an Zeitgebern von außen justiert werden. Dazu nutzen Vögel den Zeitpunkt des Sonnenaufgangs und die Helligkeit ihrer Umgebung. Auch die Temperatur und der Gesang anderer Vögel tragen dazu bei, die innere Uhr zu stellen. Das Timing des Gesangsbeginns war und ist so verlässlich, dass wir uns daran orientieren können. Andersherum wurden die Vogelaktivitäten namensgebend für menschliche Chronotypen.

Denn lange bevor sich wissenschaftliche Forschung dafür interessierte, wusste der Volksmund schon, dass es »frühe Vögel« und »Nachteulen« unter den Menschen gibt. Wie bei so vielen anderen biologischen Dichotomien ist inzwischen verstanden, dass es sich eher um ein Merkmal längs eines Kontinuums handelt, das als »Morningness-Eveningness«-Dimension bezeichnet wird. Dass dieses Wortgebilde so unhandlich und unübersetzbar ist, hat vielleicht dazu beigetragen, dass in vielen wissenschaftlichen Publikationen nun doch wieder Lerchen und Eulen genannt werden, wenn es um den frühen oder späten Typ geht.

Lerchen singen nicht nur sehr früh am Tag, sie beginnen mit ihrem Gesang auch sehr früh im Jahr. Mitten im tiefsten Winter, im Januar oder Februar, kann man bei einem Spaziergang durch Wiesen und Weideland während der allerersten milden Tage des Jahres ihre Gesänge erlauschen. Wenn es heißt, dass eine Schwalbe noch keinen Sommer macht, dann könnte passend dazu auch gesagt werden, dass eine singende Lerche noch lange keinen Frühling macht! Wenn die Gesangssaison so früh im Jahr startet, könnte es doch sein, dass die Vögel den ganzen Winter vor Ort verbringen. Tatsächlich sind Lerchen, zumindest in unseren Breiten, Opportunisten unter den Reisenden – einige verbleiben als Standvögel vor Ort, andere ziehen je nach Wetterlage in den Süden Europas, mitunter auch weiter bis an den Norden der Sahara.

Feldlerchen sind mittelgroße, in Grau- und Brauntönen

gefärbte Singvögel, die in weiten Teilen Mittel- und Nordeuropas brüten. Andere Arten der Gattung *Alauda* gibt es in Südeuropa, quer durch Sibiriens Tundra und Taiga bis ans Ochotskische Meer, auch in Mittel- und Südasien leben Lerchenarten. Von einer Besonderheit gibt es aus Neuseeland zu berichten. Dorthin wurden in der zweiten Hälfte des 19. Jahrhunderts Lerchen sowie andere Singvögel zum Zwecke der Ansiedlung importiert. In einer Studie von 1971 wird der Erfolg dieses Unterfangens dokumentiert. Die Feldlerche gehörte in jedem Fall zu den Gewinnern. In elf Lieferungen wurden 391 Lerchen ausgesetzt, andere Quellen berichten sogar von mehr als tausend Tieren. Aus denen entwickelte sich eine stabile Population, die sich bis heute weder gesanglich noch in ihren Körpermaßen von den Vögeln in Europa unterscheidet. Die Feldlerche ist ein häufig anzutreffender Vogel in weiten Teilen Neuseelands, sie hat sogar einen Namen in der maorischen Sprache bekommen: Kairaka. Ob es, wie in fast jeder Erfolgsgeschichte, auch Verlierer gab? Der ähnlich lebende einheimische Neuseeland-Pieper Pīhoihoi ist jedenfalls deutlich seltener anzutreffen als die Eurasische Feldlerche. Allerdings wird sein Schwinden eher landwirtschaftlichen Veränderungen und der Bedrohung durch Ratten zugeschrieben. Dass Feldlerchen neue Brutareale gut zu nutzen wissen, lässt sich auch direkt vor der Haustür beobachten. Auf dem Tempelhofer Feld in Berlin, einem riesigen Areal aus Wiesen und Freiflächen, das einst die Flughafen-Landebahn war, haben sich über 200 Lerchen-Brutpaare angesiedelt. Etwa die Hälfte aller Berliner Lerchen lebt hier. Ob die geplante Randbebauung des Feldes Teile der Population dann wieder zwingen wird, andere Grünflächen zu erschließen? Aber die gibt es innerhalb der Stadt kaum noch in geeigneter Größe und zurückhaltender Bewirtschaftung. Da muss es wohl auch für die Lerche in den Speckgürtel gehen.

Lerchen sind oft hörbare, aber höchst selten sichtbare Vögel. Auf dem Boden verschmelzen sie perfekt angepasst mit der Umgebung, in der Luft sind sie ebenso unsichtbar, »weil man einfach nicht weiß, wohin genau man schauen und auf welchen nicht vorhandenen Punkt man scharf stellen soll«. So hat es Klaus Nüchtern, ein ornithologisch versierter Journalist, der beim Wiener Wochenblatt *Falter* das Amt des Vogelwarts innehat, perfekt beschrieben.

Wo sie singt und wann sie singt – das ist, wenn es um die Faszination für den Gesang der Feldlerche geht, nur das Nebenbei-Geplänkel. Denn ihr Alleinstellungsmerkmal ist einfach, WIE sie singt. Im Fliegen nämlich. Nun könnte man das schnell abtun, schließlich sind sie Singvögel – die singen und fliegen halt. Doch wenn Sie mit der Vogelbeobachtung erst einmal beginnen, wird Ihnen schnell auffallen, dass die allermeisten Vogelarten ihren Gesang von einer Singwarte aus hören lassen. Singen im Sitzen ist die Norm. Ganz anders die Feldlerche. Ihr Gesangsflug direkt in den Himmel hat sie zum Symbolvogel für die Sehnsucht nach Himmel und Sonne, nach Weite, Freiheit, dem Unerreichbaren werden lassen. Und zu vielen poetischen Umschreibungen dieser Projektion geführt. »Es heben die schwebenden Lerchen / mit sich den Himmel empor«, beschreibt es Rilke. »An ihren bunten Liedern klettert / Die Lerche selig in die Luft«, heißt es bei Nikolaus Lenau, und in einem anderen Gedicht schenkt er uns die hübsche Wortschöpfung »Singrakete«. Sehr passend, denn tatsächlich schießen die Vögel mit beeindruckender Energie in den Himmel: vierzig bis sechzig, mitunter auch deutlich über einhundert Meter hoch geht es unter stetigem Gesang. Der Singflug beschreibt die Form einer enger werdenden Spirale und dauert im Mittel zwei Minuten lang. Aber es wurden auch viertelstündige Gesangsflüge dokumentiert! Nach solch einem Gesangsausbruch geht es häufig im Sturzflug mit angelegten Flügeln zurück Richtung Boden. Erst kurz vor dem Aufprall fangen sich die Männchen ab. Ja, die Männchen, denn nur sie erheben sich singend in den Himmel. Am Boden singen (höchst selten) wohl auch die Weibchen während der Balz, Genaueres weiß man nicht. Zusätzlich zu den bekannten Gesangsfunktionen bei den Männchen, Revieranzeige und Balz, ist für die Lerchen noch eine weitere, überraschende Funktion vorgeschlagen worden: Gesang als Mittel zur Abschreckung. So beschrieb es der Verhaltensökologe Will Cresswell in einer Studie über eine schottische Feldlerchen-Population. Die Männchen waren während des Winters häufig Nachstellungen von Merlinen, Europas kleinster Falkenart, ausgesetzt. Bei Angriffen in der Luft hatten kontinuierlich singende Lerchen die beste Chance auf Entkommen, sie wurden nur kurze Zeit gejagt. Wenig oder gar nicht singende Lerchen wurden deutlich häufiger Merlin-Mahlzeit. Guter Gesang (und damit verbunden vermutlich gute Kondition) verhalf der Lerche, nicht gefressen zu werden. Aber auch der Merlin hatte etwas davon, denn er vermied es, sich bei solchen guten Sängern auf eine energiezehrende lange Verfolgungsjagd mit wenig Aussicht auf Erfolg einzulassen.

Lerchen jubilieren, sie tirilieren, schmettern, trällern. Viele Wörter weisen auf Vielfalt im Gesang hin. Und tatsächlich ist der Feldlerchengesang höchst komplex, hunderte von Gesangselementen stehen einem Männchen zur Verfügung. Diese werden oft einige Male wiederholt und formen Motive, mitunter werden auch Strophen fremder Arten in den Gesang eingebaut. Es klingt nach Jazz, und passend finden sich im Internet unter dem »Skylark«-Suchbegriff vor allem Stücke aus dieser Musikrichtung.

Während dem Gesang der Lerche literarisch und musikalisch manches Denkmal gesetzt wurde, stand sie leider auch im Fokus vermeintlicher Feinschmecker. Lerchen-Gerichte wurden noch vor anderthalb Jahrhunderten in den Kochbüchern hoch gepriesen. Im 1891 erschienenen »Viktoria-Kochbuch« von Hedwig Hohenwald etwa findet sich ein Rezept zur Zubereitung gebratener Lerchen. »Mit frischem Sauerkohl serviert, sind sie bei vielen ein beliebtes Gericht«, empfiehlt die Autorin, zwei bis drei Vögel rechne man pro

Person. Die Details der Zubereitung, vom Abziehen der Kopfhaut über das Abschneiden der Flügel und Beine bis zum Ausstechen der Augen, lesen sich aus heutiger Sicht arg brutal und aus der Zeit gefallen. Aber es sei daran erinnert, dass in nicht wenigen europäischen Ländern Fang und Verzehr von Singvögeln weiter als legitimes Hobby angesehen wird.

Ein Lerchen-Rezept durfte offensichtlich in keinem Kochbuch vor der Jahrhundertwende fehlen. Doch dann finde ich im Kochbuch von Mathilde Erhardt von 1910 folgenden beeindruckenden Nachsatz: »Es ist jedoch ein Unrecht, solche kleinen Vögel zu verspeisen; und wenn auch im Wege der Gesetzgebung und des Vogelschutzes schon mancherlei Schritte getan sind, um diese Unbill zu verhindern, so könnte hier doch gerade die denkende und fühlende Hausfrau tatkräftig eingreifen, indem sie solcherlei Gerichte einfach von ihrem Tische verbannt. Man denke doch nur, mit wie wenigen Bissen ist solch ein Tierchen verspeist; der Nährwert für den menschlichen Körper ist also wohl gleich Null anzusetzen! Und wieviel Lebensfreude, die das Tierchen selbst empfindet und durch seinen Gesang spendet, wieviel Nutzen auch, den der Vogel im Haushalte der Natur durch das Vertilgen der Insekten leistet, wird hier in wenigen Minuten ausgelöscht, nur um den Gaumen zu kitzeln!« Bravo, Frau Erhardt! Äußerungen wie diese haben zweifellos dazu beigetragen, dass bei den »Leipziger Lerchen« heute kaum noch jemand an den Singvogelsnack denkt, der von Leipzig aus jedes Jahr in tausenden Paaren nach ganz Europa versandt wurde. Inzwischen kennt man unter diesem Namen ein Süßgebäck aus Mürbeteig, Marzipan und Marmelade. Neuerdings auch in veganer Variante erhältlich!

Der Star

Sturnus vulgaris (Linnaeus 1758)

Unsere älteste Tochter, in ihren Mittzwanzigern, findet Stare witzig. Das ist das größte Kompliment an einen Vogel, das ich bislang von ihr vernommen habe. Ich muss ihr recht geben. Mit den kurzen Beinen und dem beim Gehen leicht nach vorne geneigten Körper wirkt der Star wie ein kleiner Mann, der mit gaaaanz großen Schritten davoneilt. An einen »Star« erinnern diese Bewegungen nicht, eher an einen Finanzbeamten, der nach getaner Arbeit mit der Aktentasche unter dem Flügel nach Hause hetzt. Mitunter nimmt sich dieser kleine Mann, äh, Star, aber die ganz große Bühne. Auf einem Mauersims, Ast oder einer Antenne sitzend trägt er seinen Starengesang vor und führt dazu eine Choreographie auf. Sie besteht darin, bestimmte Abschnitte des Gesangs mit sehr auffälligen Bewegungen zu kombinieren. Zunächst beginnt er mit einem Intro aus einigen langen Pfiffen, es folgt ein komplexer Trill mit vielen verschiedenen Motiven. Dies wird quasi als Warm-up noch ohne Bewegung vorgetragen. Aber dann! Im folgenden Teil des Gesangs mit vielen Klick-Klängen zucken die Flügel. Das Ganze erinnert an elektronische Musik – klicken und zucken. Im letzten Teil des Gesangs wird es dann ganz wild. Hochfrequente Pfiffe und Triller werden von intensiven, weit ausladenden Ruderbewegungen der Flügel begleitet. Es wirkt fast, als wolle der Star im Singen von Propellern getrieben abheben. Er bleibt aber sitzen. Eine der möglichen Erklärungen für diese Choreographie kann im Vergleich mit Vogelarten, die während des Fluges singen, gefunden werden. Deren Gesänge werden häufig von besonderen Flugbewegungen oder auffälligen Manövern begleitet. Um zu verstehen, was die Kopplung von Gesang und Flügelschlag zu bedeuten hat, haben Forscher einen Staren-Roboter konstruiert. Dieses zugegebenermaßen nur bedingt lebensnahe Modell kann singen (durch einen eingebauten Lautsprecher) und mit den Flügeln zucken oder rudern (bewirkt durch ein ausgeklügeltes System kleiner Motoren). Dieser »Staren-Dummy« wurde nun echten Staren vorgeführt. Die Verhaltensantworten fielen immer dann besonders intensiv aus, wenn Bewegung und Gesang zusammenpassten. Die Wirksamkeit sank deutlich, wenn Gesang und Bewegung voneinander entkoppelt waren. Die Kombination von Gesang und Bewegung enthält also offensichtlich komplexere Informationen als die beiden Verhaltensmodi einzeln.

Aber warum bleibt der Star sitzen? Sein wertes Publikum besteht aus Weibchen auf Partnersuche und rivalisierenden Männchen. Es geht wohl nicht nur darum, denen Klänge ins Ohr zu singen, sondern dabei auch sein schillerndes Gefieder zur Schau zu stellen. Was da im Starengefieder wie Sternenstaub oder Mikro-Diamanten glitzert, wirkt im Sonnenlicht besonders farbenprächtig. Denn der schillernde Eindruck entsteht, wenn sich das Sonnenlicht an den Federstrukturen bricht. Anordnung, Aufbau und Oberfläche der Federn entscheiden über den Farbeindruck. Einige Wellenlängen des Lichts werden so absorbiert, andere reflektiert. Das Schillern entsteht, wenn das einfallende Licht vielfach zurückgeworfen wird und sich der Farbeindruck mit jeder Änderung des Betrachtungswinkels leicht ändert. Wie bei all den anderen Hinguckern in der großen Fashionshow der Vogelgefieder ist auch im Fall des Stars davon auszugehen, dass die kontrastreiche Farbgebung mit irisierenden Anteilen ein Ergebnis von sexueller Selektion ist. Das heißt, dass Tiere mit schillernderen Farben und stärkeren Kontrasten als Paarungspartner erfolgreicher waren. So entstanden im Laufe der Evolution aus leicht unterschiedlichen Farbnuancen schließlich intensive Färbungen und phantastische Ornamente.

So wie sein Gefieder in tausend Facetten schillert, ist auch im Gesang des Staren Vielfalt Trumpf. Je komplexer ein Gesang ist, also je mehr verschiedene Elemente, Pfiffe und Triller er enthält, desto attraktiver wirkt er auf Weibchen. Passend dazu sind Stare wahre Meister des Imitierens ihrer Umwelt, vor allem der Vogelklänge darin.

An einem Sommernachmittag im August gelang mir die Probe aufs Exempel. Vier Stare saßen auf den Sprossen des

Funkmastes direkt neben der Dachterrasse unseres Hauses. Sie plauderten vor sich hin, es ließ sich nicht sagen, ob sie aufeinander Bezug nahmen oder nicht. Ich startete meine Merlin-App. Falls Sie nicht längst Fan dieser großartigen Gesangserkennungsapp sind, möchte ich sie Ihnen unbedingt ans Herz legen. Die vom Cornell Lab für Ornithologie entwickelte App erkennt höchst zuverlässig Vogelarten am Gesang. Manchmal reichen wenige Klänge, mitunter braucht es ein etwas längeres Stück Gesang. Expertinnen weltweit sind sich einig: Diese App übertrifft an Präzision alles, was bislang in diesem Bereich entwickelt wurde. Auch Anfänger auf dem Gebiet der Ornithologie können damit Vogelarten anhand ihres Gesangs bestimmen. Wenn man das eine Weile betreibt, erkennt man die Stimmen nach und nach auch ohne App wieder. Es ist fast so, als hätten Sie auf jedem Spaziergang Ihren ornithologischen Privatlehrer dabei.

Aber zurück zum Gesang auf dem Funkmast. Den erkannte die App natürlich als Starengesang. Aber im Gesang entdeckte sie noch weitere Vogelstimmen: Elster, Grünspecht, Stockente, Mäusebussard, Blässhuhn, Haussperling, Feldsperling, Türkentaube, Gartenbaumläufer, Girlitz, Pirol, Kernbeißer, Gimpel, Turmfalke, Amsel, Mönchsgrasmücke, Rotkehlchen, Gebirgsstelze, Sumpfrohrsänger, Schwanzmeise, Kiebitzregenpfeifer, Buntspecht, Bachstelze, Buchfink. 24 imitierte Arten, vorgetragen von vier Staren innerhalb weniger Minuten! Kopiert in einer Qualität, auf die sogar die Vogel-App hereinfiel! Dieses präzise vokale

Imitieren wurde intensiv erforscht. Man weiß, dass Stare ihr ganzes Leben weiterlernen und neue Elemente in ihre Gesänge übernehmen. Auch weibliche Stare singen übrigens, allerdings nur im Herbst. Auch sie imitieren andere Arten. Viele Hypothesen zur Funktion dieses Imitierens oder »Spottens« wurden aufgestellt. Geht es darum, das Gesangsrepertoire zu vergrößern? Oder müssen Arten mit so komplexen, kombinierbaren Klangelementen einfach nur *viel* lernen, *was* sie dabei lernen, ist nicht so wichtig? Oder können die Elemente aus dem Gesang anderer Arten helfen, dem eigenen Gesang Struktur zu geben? Wenn man sich die Liste der imitierten Arten anschaut, fällt auf, dass darunter Allerweltsarten sind, die es sicher regelmäßig und oft in der Umgebung der Stare zu hören gibt, wie etwa der Haussperling oder der Buchfink. Aber Kernbeißer, Gebirgsstelze, Kiebitzregenpfeifer? Entweder schon ein einmaliges Hören genügt dem Star zum Lernen, oder die Tiere imitieren gar nicht zwingend aus erster Hand, sondern geben die Klänge untereinander immer weiter. Fest steht, dass sie dabei so oder so extrem akkurat imitieren. Fest steht aber auch, dass der Gesang mit den vielen eingebauten Imitat-Schnipseln in der Gesamtheit immer einwandfrei starisch klingt. Solch überragende Nachahmungskünste haben natürlich die Phantasie der Menschen angeregt. Es gibt viele Schilderungen von sprechenden Staren. Schon bei Plinius findet sich eine Beschreibung von Staren, die Griechisch und Latein beherrschten und in beiden Sprachen immer neue

Gespräche führen konnten. Das sollte denn doch erstaunen. Etwas mehr Wahrheitsgehalt besitzt die Anekdote um Mozarts Star. Der Komponist hatte den Vogel für 34 Kreuzer gekauft, nachdem dieser das Motiv des dritten Satzes seines neuen Klavierkonzertes fast fehlerfrei gesungen hatte. Aus dem spontanen Kauf wurden drei Jahre intensiven Zusammenlebens. Die Beerdigung des Stars erfolgte mit großem Pomp, schwarz verschleierten Gästen und einem Grabstein mit Gedicht vom Maestro höchstselbst: »Hier ruht ein lieber Narr, ein Vogel Staar …«.

Kommen wir aber noch einmal auf die vier Stare auf dem Antennenmast zurück. Zusätzlich zu der großen Show mit Flügel, die solo aufgeführt wird, haben Stare nämlich auch noch einen anderen Gesangsmodus, einen »Kollektivgesang«. Meist sind es nicht nur vier, sondern viele Dutzende bis Hunderte oder Tausende Tiere. Hier geht es nicht um Partnerwahl und Rivalität. Im stressarmen Zustand besingen Männchen und Weibchen so den Schwarmzusammenhalt. Vermutlich werden dabei auch die Gesänge für die nächste Brutsaison justiert und abgestimmt. Es klingt tatsächlich wie ein Murmeln und Plaudern in vielen Stimmen. Das englische Verb »murmur« für murmeln stand Pate für die Wortschöpfung »Murmuration«. Sie beschreibt keinen Klang, sondern in wissenschaftlichen Abhandlungen die Ansammlung unzähliger Stare in himmelfüllenden Flugformationen.

Und damit sind wir bei den riesigen Starenschwärmen, einem Naturschauspiel sondergleichen. Das immense Maß an

Koordination und die Schönheit der entstehenden Muster wurden mittels Computersimulation erforscht. Auch wenn am Ende der Schwarm wie ein Superorganismus wirkt, reichen dem individuellen Tier wenige einfache, angeborene Regeln, den Abstand zum nächsten Flugnachbarn und die Änderung von Geschwindigkeit und Richtung ebenfalls abhängig von den Nachbarn betreffend, um ein winziger Protagonist des allabendlich aufgeführten Spektakels zu sein.

Bis zu 40 000 Stare finden sich ab Ende Juli abends an der Berliner Museumsinsel ein. Sie kommen aus allen Himmelsrichtungen, bilden beeindruckende Flugformationen und lassen sich schließlich in ihren angestammten Schlafbäumen nieder, um dort weiter den vokalen Austausch zu pflegen. Alte Filmaufnahmen aus dem Jahr 1914 belegen, dass es diesen Starenschlafplatz schon seit über hundert Jahren gibt. In Rom ist das Spektakel noch größer, hier sind es Millionen Stare, die auf die Überwinterung südlich des Mittelmeeres verzichten und stattdessen in Italiens Hauptstadt bleiben. Mehr Stare als menschliche Einwohner sind dann in Rom. Es braucht nicht viel Phantasie, um sich auszumalen, dass das, was für die einen ein faszinierendes Naturspektakel ist, für andere zur Alltagsherausforderung wird. Das betrifft nicht nur die innerstädtischen Schlafplätze. Die Vorliebe der großen Herbstschwärme für Früchte bereitet besonders im Weinbau Probleme. Mitten im Kalten Krieg kam es zu einer besonderen Posse rund um den Neusiedler See. Die ungarische und die österreichische Seite versuchten hier, die

Starenschwärme mit Flugzeugen ins Nachbarland zu scheuchen. Hin und her ging es! Starenschwärme können dem Flugverkehr allerdings auch ernsthaft in die Quere kommen. Das wohl größte Drama ereignete sich 1960, als ein mit 72 Menschen besetztes Propellerflugzeug kurz nach dem Start in den Bostoner Hafen stürzte. Nur zehn Menschen überlebten das Unglück. Eine akribische Rekonstruktion ergab, dass ein Starenschwarm zur Fehlfunktion der Propeller und in der Folge zum Absturz führte. Inzwischen gibt es an jedem größeren Flughafen Abteilungen für die Kontrolle von Vogel- und Wildaktivitäten. Neben aktiver Vergrämung werden die Grünflächen und Gebäude möglichst unattraktiv für Vögel gestaltet: wenig interessante Futterquellen, keine Schlaf- und Brutplätze.

Das Beispiel des Bostoner Flugzeugunglücks zeigt schon an, dass der Star global als Herausforderung wahrgenommen wird. Ursprünglich brüteten Stare in Europa und Teilen von Asien. Einbürgerungen auf anderen Kontinenten führten dazu, dass er heute einer der häufigsten Vögel der Welt ist. Immer wieder gibt es die Geschichte zu lesen, wie ein exzentrischer New Yorker namens Eugene Schieffelin im Frühjahr 1890 einhundert Stare im Central Park freiließ. Die Aktion war Teil seines ambitionierten Plans, alle in Shakespeares Werk vorkommenden Vögel in der Neuen Welt anzusiedeln. Die Ansiedlung gelang, doch in kurzer Zeit wurde der Star zur zerstörerischsten invasiven Art in Nordamerika. Heimische Vogelarten wurden verdrängt, in der Landwirtschaft entstanden und entstehen Jahr für Jahr Millionen Dollar an Schäden durch hungrige Stare. So ist die Geschichte als warnendes Beispiel immer wieder erzählt worden. Sie ist in vielen Ökologie-Lehrbüchern nachzulesen, ebenso in Veröffentlichungen renommierter Wissenschaftseinrichtungen und Tageszeitungen. Tatsächlich musste ich mich bei meiner ersten Reise in die USA über das miserable Image der Stare sehr wundern. Keiner dort mochte Stare! Dass man die Geschichte auch ganz anders erzählen kann, wurde von zwei Forschenden der Literaturwissenschaft aufgedeckt. Dank ihrer akribischen Quellenarbeit haben wir nun einen realistischeren Blick auf die Anfänge der Stare in Nordamerika. Gleichzeitig ist ihre Studie ein Beleg dafür, wie die Geisteswissenschaften dazu beitragen können, unseren Blick auf Ökologie und Mensch-Natur-Beziehungen zu schärfen. Tatsächlich entließ ein Herr Schieffelin einige Stare in den Central Park. Dem waren in den zwanzig Jahren davor aber schon diverse Staren-Freilassungen in vielen neu besiedelten Gebieten des Landes, von Ohio bis Oregon, vorausgegangen. Bei der Staren-Ansiedlung handelte es sich keinesfalls um die Shakespeare ehrende Aktion eines Exzentrikers, sondern sie war Teil eines weltweiten Projektes. Unter dem Begriff der Akklimatisierung oder Eingewöhnung gingen Wissenschaftler, Tier- und Pflanzenzüchterinnen und interessierte Laien der Frage nach, ob und wie sich Arten an neue Umweltbedingungen in neuen Gebieten anpassen. Das waren frühe Experimente zum Wirken der Evolution. Bereicherung der Vielfalt der Natur und sentimentale Heimaterinnerungen spielten sicher ebenso eine Rolle. Erst einige Dekaden später prägte eine aus Neophobie und Sorge vor Veränderung motivierte Lobby die Sicht, dass jede neu eingebürgerte Art unweigerlich zu einem Schädling werden wird. Star und Haussperling mussten als schlimme Beispiele herhalten. Eine wissenschaftliche Studie in den 1920ern belegte zwar, dass Stare viel weniger Getreide und viel mehr Schädlinge fraßen als angenommen und auch die Konkurrenz zu den heimischen Vogelarten stark übertrieben wurde, aber da war es um den Ruf des Vogels schon geschehen. Der Star galt als Rowdy gegenüber den heimischen Vogelarten mit guten Manieren, es hieß, er füge der Landwirtschaft immensen Schaden zu. Ende der Widerrede! Dabei braucht es wegen Konkurrenz um Aussaat und Ernte eben einfach Ideen für einen Interessenausgleich. Lange versuchte man, mit Schreckschüssen oder auch Star-Alarmrufen aus Lautsprechern die Vögel zu vergrämen. Mit wenig Erfolg. Aktuell wird getestet, ob man das kollektive »Murmeln« stören kann, indem Lärm im entsprechenden Frequenzband eingespielt wird. Offensichtlich mit Erfolg. Was nützt das schönste Murmeln, wenn es nicht gehört wird! Wir würden uns ja zum Plaudern auch nicht unter eine Schnellbahntrasse setzen. Also – Phantasie und Toleranz sind gefragt, dann kann es klappen mit dem Zusammenleben.

Die Rauchschwalbe

Hirundo rustica (Linnaeus 1758)

Die Schwalbe hat vielleicht als erster Vogel ernsthaft mit den Menschen angebandelt. Sie kann als Pionierin unter den kulturfolgenden Vögeln gelten. Schwalben fanden beste Lebensbedingungen überall dort, wo Vieh gehalten wurde. Mit dem nutztierhaltenden Menschen konnte sich so auch die Schwalbe in Richtung Norden Europas aufmachen und im kühleren Klima erfolgreich brüten.

Gleich zwei Schwalbenarten, die innerhalb der großen Schwalbenfamilie gar nicht näher verwandt sind, haben Haus und Hof als Bruthabitat für gut befunden, die Rauchschwalbe und die Mehlschwalbe. Ein kleiner Unterschied in der Nistplatzwahl erlaubt ihnen das gute Auskommen miteinander. Mehlschwalben bauen ihre Nester außen *an* den Gebäuden. Rauchschwalben brüten *in* den Gebäuden, oder allenfalls ganz tief unter einem Vordach. Beide Arten sind seit jeher als Insektenvertilger willkommen und wohlgelitten. In der Antike waren sie so beliebt, dass sie sogar in Tempeln und wichtigen Gebäuden nisten durften. Viele Dokumente sprechen einfach von Schwalben, ohne sich die

Mühe der Zuordnung zu einer der beiden Arten zu machen. Bis heute generalisieren wenig geübte Vogelfreunde Mehl- und Rauchschwalbe als eine Art. Mitunter kommen gleich noch zwei weitere Verwechslungen dazu: Auch Mauersegler und Seeschwalben fliegen virtuos durch die Lüfte. Diese Vögel haben aber mit den beiden menschennahen Schwalben wenig zu tun. Beide gehören ganz anderen Vogelordnungen an und sind keine Singvögel.

Wenn doch genauer hingeschaut oder beschrieben oder bedichtet wird, geht es meist um die Rauchschwalbe. Vielleicht wegen ihres ungewöhnlich lang gegabelten Schwanzes, wegen ihrer intensiveren Färbung oder einfach, weil sie *im* Haus eben noch näher dran war an den Menschen als die Mehlschwalbe draußen am Haus. Dass meine Wahl hier auf die Rauchschwalbe fällt, hat also ganz einfach damit zu tun, dass in der Literatur häufiger von ihr die Rede ist. Außerdem besiedelt sie größere Teile des Globus als die meisten anderen Schwalbenarten. Rauchschwalben brüten in Europa, in weiten Teilen von Nord- und Zentralasien sowie in Nordamerika. Der kalte Winter auf der Nordhalbkugel wird in Zentral- und Südafrika, in Süd- und Südostasien sowie in Südamerika ausgesessen.

Noch ein Grund für ihre größere Popularität gegenüber der Mehlschwalbe könnte in ihrer Rolle als Frühlingsbotin liegen. Rauchschwalben kehren früher als Mehlschwalben aus den Überwinterungsgebieten zurück, etwa Ende März können die ersten Männchen gesichtet werden. Aber halt –

eine Schwalbe macht noch keinen Sommer. Der Ausspruch, den man in vielen Sprachen Europas kennt, geht auf eine Fabel von Äsop zurück. Ein junger Mann, der sein Erbe verschwendet hat, sieht am Ende des Winters eine zurückgekehrte Schwalbe. Er nimmt dies als Zeichen des nahenden Sommers und verkauft seinen Wintermantel. Dann kommt ein Kälteeinbruch. Die Schwalbe stirbt, der Jüngling friert. Moral: Schlechtes Timing birgt Risiken! Auch für die Schwalben selbst will die Rückkehr gut terminiert sein. Wer zu früh auftaucht, läuft Gefahr zu erfrieren, das lehrt uns schon Äsop. Doch zu langes Zögern raubt Zeit fürs Brüten. Außerdem kann man beim Konkurrieren um Nistplätze zu spät kommen. Entsprechend richten Rauchschwalben die letzten Abschnitte ihres Frühjahrszuges am Wettergeschehen aus. Im aktuellen Jahr 2024 beispielsweise sind die Schwalben dank des milden Wetters fast zwei Wochen früher zurückgekehrt als im nasskalten vorangegangenen Jahr. Überlebenswichtig sind dabei gar nicht vordergründig die Temperaturen, denn wie gesagt mieten Rauchschwalben ja »warm«. Die Verfügbarkeit von Nahrung ist der entscheidendere Faktor. Hier sind Rauchschwalben nämlich sehr spezialisiert, sie sind strikte Pterigotarier. Das heißt, sie fressen ausschließlich fliegende Insekten. Die entsprechend im Flug gefangen werden. In diesem Zusammenhang wird die gute Eignung von Schwalben als Wetterboten verständlich. Bei Hochdruckwetterlagen fliegen sie hoch im Himmel, bei niedrigem Druck dichter über dem Boden. Dass sie dabei nicht dem Barometer, sondern nur ihrer Beute folgen, mag eine kleine Anekdote von Heinrich Seidel belegen. Er berichtet von einem Spaziergang an einem trüben Sommertag. Während er durch eine Wiese schritt, wurde er plötzlich von einigen Rauchschwalben umringt, die immer wieder auf ihn zustießen, mitunter von knackenden Geräuschen begleitet. Es handelte sich keinesfalls um die Simulation eines Angriffs, sondern die Vögel jagten einfach die Insekten, die unter den Schritten des Vogelfreunds aus dem Gras aufflogen. Wobei »jagen« gar nicht das passende Wort ist, vielmehr wird eingefangen oder gefiltert aus dem »Luftplankton«. Der Schnabel der Schwalbe ist winzig, allerdings ist der Rachen bis weit hinter die Augen gespalten. So entsteht eine riesige Höhlung, in die Fliegendes quasi eingeschöpft wird. Beim Zuklappen der beiden Kopfhälften entsteht ein knackendes Geräusch.

Vieles erledigen die Schwalben im Flug: die Fütterung der flüggen Jungvögel etwa erfolgt im Vorbeiflug. Im Flug wird an der Wasseroberfläche getrunken oder auch mal ein Vollbad genommen. Im Flug wird gesungen, auch Nistmaterial wie kleine herumfliegende Federn wird aus der Luft gefischt für die Inneneinrichtung des kunstvoll gebauten Lehmnestes.

Bevor dieses gebaut wird, geht es um die Verpaarungsentscheidung. In Europa beurteilen Schwalbenweibchen die Herren anhand der verlängerten Steuerfedern des Schwanzes. Längere, beidseits symmetrische Schwanzfedern kommen besser an. Die in Nordamerika lebende Unterart scheint eher die Rotfärbung der Brust als verlässlichen Indikator männlicher Qualitäten zu nutzen. Ob es sich hier tatsächlich um Unterschiede in weiblichen Präferenzen handelt oder doch eher um Unterschiede im methodischen Ansatz der Schwalbenforscherteams, vermag ich nicht zu entscheiden.

Und dann gibt es da natürlich noch den Gesang. Einerseits tragen die Männchen einen Reviergesang vor, von Singwarten oder im Flug. Es handelt sich um dem Menschenohr angenehme, perlende Schnüre von obertonreichen Elementen und Trillern. Im Vergleich zu Gesängen mit sehr klaren Stimmen und Melodieverläufen wie etwa dem Amselgesang klingt es mitunter geknödelt-genuschelt. Ein besonderes Element fällt immer wieder auf, ein Rasseln oder Klappern am Ende einer Strophe. Dieser »rattle« trägt viel Information in sich. Er gibt Auskunft über den Testosterongehalt im Blut, über Gewicht und Kondition eines Sängers. Andere Parameter im Gesang lassen Rückschlüsse auf das Alter, den Brutstatus und das soziale Umfeld zu. Das Plaudern hat also einen hohen Informationsgehalt! Noch mehr »nebenbei plaudernd« klingt eine zweite Art von Gesang, die von Männchen, Weibchen und sogar Jungvögeln nach dem Flüggewerden zu hören ist. Dieses Dampfplaudern ist bei den Brutplätzen, auf den Sammelplätzen und wohl auch auf dem Zug zu hören. Rauchschwalben scheinen ihren Alltag in fast allen Momenten vokal zu begleiten. Worum es dabei wohl geht?

Die Gesänge sind stetige Hintergrundmusik, wenn Rauchschwalben sich in der zweiten Sommerhälfte auf Stromleitungen oder Dachfirsten versammeln. Es beeindruckt, wie vorbildlich die Schwalben bei ihrer Sitzordnung die Regeln der individuellen Distanz wahren. Die Abstände zwischen den Tieren sind gerade flügellängenbreit, so dass die Gefiederpflege möglich ist, ohne dabei die Nachbarschaft von der Leitung zu schubsen.

Wenn von Schwalben und Individualdistanzen die Rede ist, wird jeder Fußballfan, ein gewisses Alter vorausgesetzt, unweigerlich an eine Schwalbe der besonderen Art erinnert. 1995 segelte der Fußballer Andreas Möller bildlich in Manier einer geschubsten Schwalbe zu Boden, obwohl laut Aussage seines Gegenspielers Dirk Schuster »noch ein Kleinwagen« zwischen die beiden gepasst hätte. Möller erklärte nach dem Spiel, dass es sich um eine »Schutzschwalbe« gehandelt habe, da er sonst umgehauen worden wäre. Folgen wir dieser Argumentation, wollte er also nur den Individualabstand wahren. Solcherlei biologisches Schwalben-Verhalten ist allerdings im Fußballreglement nicht vorgesehen. Die Schutzschwalbe, die zum Elfmeter führte, empörte die Fußballwelt.

Alles in allem wird in der Rauchschwalbe vielfach ein gutes Omen gesehen, sie ist nicht nur Frühlingsbotin, ihr wurde früher auch viel Wunderheilkraft angedichtet. Alle möglichen Gebrechen und Krankheiten sollten der Vogel oder Teile des Vogels kurieren können. Es gab nur wenig

Negatives, wie etwa die Vorstellung, dass die Schwalbe den Kühen Blut und Milch aus dem Euter sauge. Aber auch der Lebensverlauf der Tiere selbst gab den Menschen lange Zeit Fragen auf und lud zum Spekulieren ein. Vor allem der Verbleib während des Winters in der nördlichen Hemisphäre stellte Naturbeobachter vor Rätsel. Aristoteles war der Überzeugung, dass Schwalben in Erdlöchern und Felsklippen Winterschlaf halten. Aber da meinte er vermutlich eher Uferschwalben. Die Siedler der Neuen Welt sinnierten im 17. und 18. Jahrhundert dann ganz explizit über den winterlichen Verbleib der Rauchschwalben. Neben Winterschlaf und Migration in wärmere Gefilde wurde eine dritte Option favorisiert. Augenzeugen berichteten von Schwalbenimmersionen in Tümpel, Moore und andere Gewässer. Die Idee dahinter war, dass die Schwalben den Winter tief auf dem Grund von Gewässern in einer Art Ruhezustand verbringen, ähnlich wie Fische. Das plötzliche Verschwinden riesiger Schwalbenschwärme über Gewässerrändern, auch das Auftauchen völlig erschöpfter, verdreckter Vögel im Frühjahr passten zu dieser Erklärung. Experimentierfreudige Forscher versenkten im Namen der Wissenschaft tatsächlich Rauchschwalben in Gewässern. Die Tiere ertranken jämmerlich, Reanimationsversuche schlugen fehl. Die Befürworter des beobachtenden Ansatzes erklärten dies mit Fehlern im Versuchsdesign. Die Debatte wurde mit großer Intensität geführt, wogte hin und her. Längst ging es nicht mehr nur um den Winterverbleib der Schwalben, sondern um Möglichkeiten des Erkenntnisgewinns über Naturphänomene. Ein Lehrstück.

Wenige Jahrhunderte später wissen wir, dass Rauchschwalben den Winter im Süden verbringen. Die mitteleuropäischen Tiere sind südlich der Sahara anzufinden. Mitunter in kleineren Trupps, zum Schlafen aber auch in riesigen Ansammlungen von Millionen Tieren. Ein solcher gigantischer Schwalbenschlafplatz wurde rund um Ebakken im Osten Nigerias entdeckt. Die Gemeinde erhielt den Beinamen »Swallow City«. Gemeinsam wurden Alternativen zur Jagd auf Schwalben als Proteinquelle etabliert. Junge Männer beteiligen sich nun aktiv am Monitoring und am Schutz der Schwalben. Doch die Anzahl der in Ebakken gezählten Tiere sinkt in den letzten Jahren dramatisch. Vor allem die Zahl der Jungtiere unter den »Winter«gästen ist beunruhigend gering. Nun gibt es in den Populationsbeständen von Schwalben immer wieder Schwankungen, aber diesmal gibt es allen Grund zur Besorgnis. Zunächst sind als Konsequenz der Klimaerwärmung Überschwemmungen in den Überwinterungsgebieten und Extremwetterlagen während der Zugzeiten höchst problematisch für die Zugvögel. Aber auch das Finden geeigneter Brutplätze und damit die erfolgreiche Jungenaufzucht in Europa sind den Schwalben neuerdings sehr erschwert worden. Auch moderne Stallanlagen sollten unbedingt schwalbenfreundlich konstruiert werden. Viehhaltung ist wichtig, um die Temperatur in den Stallungen auf Schwalbenmaß zu halten. Gleichzeitig fördert die

Haltung von Vieh das Vorhandensein von Fluginsekten und damit die Nahrungsgrundlage der Schwalben. Der Einsatz von Insektiziden, aber auch von Herbiziden wie Glyphosat, und letztlich jede Form von intensiver Landwirtschaft, die der Artenvielfalt entgegenwirkt, lassen die Nahrungsquellen für Schwalben schrumpfen oder versiegen. Jeder Ackersaum, jede Blühwiese zählt hier. Und noch etwas kann jede von uns tun: Schlamm- oder Lehmpfützen anlegen. Rühren Sie Matsch an und halten Sie ihn feucht. Besonders in trockenen Jahren können Sie so quasi einen Baumarkt für nestbauende Schwälbinnen eröffnen, auf dass wir uns weiter am Dampfplaudern, an tollkühnen Flugmanövern und an den ersten Frühlingsvorboten erfreuen können.

Der Haussperling

Passer domesticus (Linnaeus 1758)

»Ich weiß nicht, ob ich diesem Vogel gerecht werden kann, denn ich muss gestehen, dass ich ihn eigentlich hasse. Man kommt dazu leicht, wenn man in Berlin lebt und ein Vogelfreund ist, denn Berlin ist die Stadt der Sperlinge und überall macht sich dieser zänkische und geschwätzige Vogel breit. ... auf den Baumästen jilpen und schilpen sie unablässig und die zarten und lieblichen Gesänge anderer Vögel übertäubt ihr widerliches Gassengeschwätz.«

Harte Worte, nicht von mir, sondern von Heinrich Seidel in seinem Vogelbüchlein *Natursänger*, erschienen 1888. Bis heute ist der Spatz das wenig gemochte Schmuddelkind unter den Singvögeln, und zwar im Wortsinne, denn ein Schmuddelkind wird auch als »Dreckspatz« bezeichnet. Dabei ist das ausgiebige Staubbad, dem der Dreckspatz seinen Namen verdankt, ein ausgesprochen hygienisches Verhalten, um das Gefieder von Parasiten freizuhalten. Dennoch, nur wenige Vogelfreundinnen kämen auf den Gedanken, das Krakeelen der Spatzen als Gesang zu bezeichnen. Stattdessen ist mit dem »Tschilpen« ein eigener lautmalerischer Begriff für das kommunikative Inventar der Spatzen im Umlauf. Er basiert auf dem alten Wort »Tschülpen« für Saugen oder Lutschen.

Dass dieses Tschilpen die akustische Toleranzgrenze des Menschen bisweilen übersteigt, weiß ich aus eigener Erfahrung. Denn wie viele Bewohnerinnen von Altbaubestand lebe auch ich in einer WG-ähnlichen Lebensgemeinschaft mit Spatzen. Sie haben die Spalten zwischen Rinne und Ziegeln des Daches als geeignete Reihenhaussiedlung erkoren – Nest an Nest scheint unter die Landerampe gequetscht zu sein. Ganz ähnlich wie bei gut deutsch gardinenverhangenen Fensterfronten bleibt mir allerdings ein Blick in die guten Stuben verwehrt. Wahrnehmbar sind lediglich die häufigen, lautstark kommentierten Abflüge und Ankünfte. Es handelt sich dabei um Rufe, nicht um Gesang. Wenn gerade ältere Jungvögel im Nest sind, kommen deren Bettelrufe nach Futter hinzu. Und wenn die Eltern gerade nicht füttern, gibt es bei Spatzen-Teens auch noch eigene Rufe für Raufereien im engen Nest.

Neben diesem lautstarken Gezeter rund um das Nest gibt es aber auch noch den Gesang der Männchen. Unverpaarte Männchen singen beziehungsweise tschilpen in Dauerschleife, Stunde um Stunde. Weite Teile jedes Sommertages werden so vom Frequenzverlauf »auf-ab-auf-tiefer-ab« des Tschilpens begleitet. So auch, während ich diese Zeilen tippe. Aber ich weiß ja: »beauty is in the ear of the beholder«, die Schönheit liegt im Ohre der Empfängerin. Das Tschilpen als Brautwerbung? Jein. Zwar spielt auch bei Spatzen der Gesang bei der Entscheidung eines Weibchens für einen Partner eine Rolle, aber wohl eher eine untergeordnete. Richtig nachgeforscht bzw. hingehört hat kaum jemand.

Ein anderes, nicht akustisches, sondern optisches Signal hat das Interesse der Forscherinnen auf sich gezogen. Männliche Haussperlinge haben nämlich einen schwarzen Fleck auf Kehle und Brust. Dieser Latz schien es zu sein, der männliche Qualität visualisiert. Jedenfalls schlagen einige Studien vor, dass die Größe des Lätzchens mit Dominanz, mit besseren Territorien und Nistmöglichkeiten korreliert. Dazu passend zeigten sich Weibchen in Attrappenstudien stärker interessiert an der Kopulation mit großlatzigen Spatzen-Dummies. Der Spatzenlatz wurde schnell zum Lehrbuchbeispiel eines solchen Statusanzeigers. Etwas übereilt allerdings, denn inzwischen haben mehrere Meta-Studien ergeben, dass es doch gar nicht so viel auf sich hat mit der vermeintlichen Verbindung zwischen Latzgröße und Dominanz.

Vielleicht sollte doch der Gesang stärker in den wissenschaftlichen Fokus genommen werden. Bei aller Begeisterung für den schwarzen Latz wurde zu den gesanglichen Qualitäten in jüngerer Zeit wenig geforscht. Dabei waren die Anfänge vielversprechend: 1905 publizierte Edward Conradi seine wissenschaftlichen Befunde zur gesanglichen Imitation beim Haussperling. Er ließ dazu Spatzen von Kanarienvögeln aufziehen. Die Idee könnte von Kant stammen. Der schrieb hundert Jahre früher in seinem Werk *Über Pädagogik* zum Lernen bei Tieren: »Denn keins derselben lernt etwas von den Alten, außer die Vögel ihren Gesang. Hierin werden sie von den Alten unterrichtet, und es ist rührend anzusehen, wenn, wie in einer Schule, die Alte ihren Jungen aus allen Kräften vorsingt, und diese sich bemühen, aus ihren kleinen Kehlen dieselben Töne herauszubringen. Um sich zu überzeugen, daß die Vögel nicht aus Instinkt singen, sondern es würklich lernen, lohnt es der Mühe, die Probe zu machen, und etwa die Hälfte von ihren Eyern den Kanarienvögeln wegzunehmen, und ihnen Sperlingseyer unterzulegen, oder auch wohl die ganz jungen Sperlinge mit ihren Jungen zu vertauschen. Bringt man diese nun in eine Stube, wo sie die Sperlinge nicht draußen hören können: so lernen sie den Gesang der Kanarienvögel, und man bekommt singende Sperlinge.« Genau so hat es Conradi versucht. Allen Aufzucht-Schwierigkeiten zum Trotz gelang es ihm schließlich in wenigen Fällen, die vokale Entwicklung der unter Kanarienvögeln aufwachsenden Spatzen zu beobachten. Tatsächlich näherten sich die Gesangseinlagen der Spatzen immer mehr denen der Kanarien an. Sie sangen melodische Trills, wenngleich ihre Stimme dabei rauer blieb. Wurden sie von den Kanarien isoliert, verlor sich der Wohlklang schnell und sie tschilpten spätzisch. Ergo: Spatzen erlernen ihren Gesang, ob Menschen ihn nun »musikalisch« finden oder nicht.

Spatzen sind wahre Weltenbürger. Zunächst einmal sind sie in ganz Europa zu Hause – mit Ausnahme von einigen Mittelmeerinseln und Italien. Ausgerechnet Italien? Tatsächlich, dort lebt eine andere Art, nämlich der Italiensperling. Genetische Untersuchungen haben gezeigt, dass er als Hybrid, also aus Mischehen von Haussperling und Weidensperling (der eher im Mittelmeerraum anzutreffen ist), entstanden ist. Was hier zwei Zeilen füllt, ist das Ergebnis von viel wissenschaftlicher Arbeit und gelehrtem Streit: ob es sich um eine eigenständige Art oder eher eine Unterart handelt. Auch wenn sie also systematisch gesehen zu einer anderen Art gehören, gibt es auch in Italien seit Menschengedenken die »passeri«, Spatzen! Auf einem wunderschönen Gartenfresko eines Stadthauses in Pompei, entstanden etwa im Jahr 50, sind neben anderen Vogelarten natürlich auch Spatzen abgebildet.

Nicht unerwähnt soll bleiben, dass auch hierzulande ein Spatz nicht immer ein Spatz ist. Neben dem Haussperling gibt es auch noch den Feldsperling. In Verhalten, Gesang und auf den allerersten Blick auch optisch unterscheiden sich die Arten wenig. Auch der Feldsperling ist mittlerweile ein erfolgreicher Urbanizer. Selbst in der Stadt kann man also nicht auf den allerersten Blick sicher sein, dass es sich bei der krakeelenden Schar wirklich um Spatzen, also Haussperlinge, handelt. Aber die beiden Arten sind, auch ohne ornithologisches Fachwissen und Fernglas, doch gut zu unterscheiden. Bei Feldsperlingen sehen Männchen und Weibchen gleich aus, alle haben eine braune Kappe und einen schwarzen Wangenfleck. Haussperlinge tragen Scheitel oder Kappe grau, und die Männchen haben den schon erwähnten schwarzen Latz. Also am besten immer schön aufs Käppchen achten!

Auch in fast alle anderen Teile der Welt hat es den Spatzen verschlagen. Per Schiff landeten Spatzen in Nord-, Mittel- und Südamerika, im Süden Afrikas und im Osten Australiens und sind in Folge zu einer der am weitesten verbreiteten Vogelarten überhaupt geworden. Dabei muss man nicht zwingend an blinde Passagiere denken. Zum Beispiel in Nordamerika wurden Spatzen ab etwa 1850 ganz gezielt und in hohen Zahlen von den ersten Siedlern importiert. Sie wollten heimische Arten um sich haben, und außerdem erhofften sie sich Abhilfe gegen Insektenplagen. Schon 50 Jahre später hatten die Spatzen das ganze Land besiedelt. Ein 400 Seiten dicker Report listet die Probleme auf: negative Einflüsse auf den Ernteerfolg, Verdrängung der einheimischen Vogelarten. Es folgten diverse Kampagnen zur Dezimierung der Bestände. Dergleichen großangelegte Dezimierungs- oder Ausrottungsaktionen fanden bei weitem nicht nur in der Neuen Welt statt! Auch in Europa gab es immer wieder Phasen hysterischer Hatz. Mitte des 18. Jahrhunderts etwa ging man in England mit Gift gegen Spatzen vor. In Frankreich und Italien wählte man Fallen, in denen Spatzen für den Verzehr gefangen wurden. Die stark dezimierten Bestände führten allerdings nicht zur Verbesserung der Lage, sondern im Gegenteil zu verstärktem Insektenbefall des Getreides, Missernten folgten. Verschiedene Despoten initiierten »Spatzenkriege«, so etwa

Friedrich der Große und Karl I., mit Kopfgeld für den Balg eines erschlagenen, erschossenen, vergifteten Spatzen. Eine letzte Kampagne dieses Stils gab es hierzulande noch nach dem Zweiten Weltkrieg. Mit Giftweizen, Kopfprämien und speziellen Fallen, nämlich dem per Amtsblatt empfohlenen System »Schwing«, wurden Millionen von Spatzen getötet. Notorisch unwillig, aus der Vergangenheit zu lernen, ging auch Mao Zedong in China vor. 1958 erklärte er Spatzen neben Stechmücken, Stubenfliegen und Ratten zu den »vier Plagen«. Die Logik: Spatzen fressen Körner, ohne Spatzen mehr Korn. Drei Tage lang mussten Dorf- und Stadtbewohner landesweit lärmen und Fahnen oder Tücher schwenken. Die Idee war, die Spatzen am Niedersetzen zu hindern. Tod durch Erschöpfung. Am Ende des dritten Tages wurden Milliarden von toten Spatzen mit LKWs abtransportiert. Die Art war quasi ausgerottet. Heuschrecken und viele andere Insekten machten auf ihre Art das Beste aus dem Tod der Spatzen. Insektenplagen und Spinnenplagen waren in den Folgejahren einer der Gründe für eine Hungersnot ungekannten Ausmaßes. Nun starben viele Millionen Menschen. Das unrühmliche Ende von Maos Spatzenhatz: Er entschied, dass die Spatzen von der Liste der Plagen gestrichen und durch Bettwanzen ersetzt wurden. Das reichte aber noch nicht aus, um das aus der Balance geratene fragile Ökosystem zu stabilisieren. Es mussten Spatzen im großen Stil aus der Sowjetunion importiert werden.

Während also diese Maßnahmen zur Dezimierung der

Spatzenbestände im Sande verliefen oder korrigiert wurden, kam es schließlich zu einem Rückgang der Bestandszahlen unter ganz anderen Vorzeichen. Das Verschwinden der Pferde und Nutztiere aus den Großstädten, modernes Bauen mit glatten Fassaden und die Versiegelung von Flächen führten dazu, dass deutlich weniger Nester gebaut wurden. Die riesigen Spatzenschwärme, die sich zum Ende des Sommers durch die Felder bewegten, wurden kleiner und kleiner. Die Modernisierung der Landwirtschaft trug dazu das ihre bei. Der Einsatz von Pestiziden und Herbiziden, fehlende Stoppelfelder und Modernisierungen beim Einbringen der Ernte und in der Viehhaltung machten den Spatzen das Leben schwer. Es dauerte lange, bis die Alarmglocken der Ornithologinnen und Vogelfreunde schrillten. Zu omnipräsent war die Art, und auch zu uninteressant, um genauer hinzuschauen. Weiterhin galt und gilt ja: Wo es Spatzen gibt, da sind sie laut und werden wahrgenommen. Doch spätestens mit der Jahrtausendwende ließ sich die Dezimierung der Bestände nicht länger übersehen. Auf dem Weltkongress der Ornithologie in Hamburg 2007 war ein ganzes Symposium dem Bestand der Spatzen in urbanen Gegenden gewidmet. Überall wurden sinkende Bestände gezählt, doch man konnte den einen, umfassend erklärenden Grund für das dramatische Geschehen nicht finden. Mittlerweile setzen sich Spatzenfreundinnen vor ihrer Haustür für ein weiterhin freundliches Miteinander von Spatz und Mensch ein. In Berlin etwa gibt es die »Spatzenretter«. Hier haben

Schulkinder ein Auge darauf, dass bei den in großem Maße anstehenden Schulsanierungen immer auch die Spatzenbedürfnisse im Auge behalten werden.

Schließlich erfreut sich der kleine, immer in Gesellschaft anzutreffende Vogel in der Alltagskultur insgesamt eines recht positiven Images. Kinder und Liebste werden oft als Spatz oder Spätzchen tituliert, und für die schwäbischen Spätzle waren wahrscheinlich tatsächlich Spatzen namensgebend. In Fabeln und Sagen wird der Spatz als pfiffig und frech dargestellt. Ein solcher Spatzen-Vertreter hat es sogar bis auf das Dach des Ulmer Münsters geschafft, aus vergoldetem Kupfer und mit einem Zweig im Schnabel. Der Sage nach hat dieser Spatz die Ulmer baumeisterlich beraten. Ein Balken zum Bau des Münsters, der schier nicht durchs Stadttor passen wollte, führte fast zum Abriss des Tors. Da flog ein Spatz mit einem Halm zum Nestbau durchs Tor – längs. Die Baumeister staunten und ahmten nach, das Tor war gerettet. Natürlich gab es sehr schnell Skeptiker, die diese Geschichte nicht glauben wollten, schließlich lässt sie die Bauenden nicht gerade besonders helle dastehen. Mitunter wurde versucht, dem Teufel die Schuld für die Verwirrung zuzuschreiben. So oder so, schon seit dem Mittelalter steht ein Vogel auf dem Ulmer Münster, und seit 1858 ist es definitiv ein Spatz mit Zweig im Schnabel.

Wo und wie baut nun aber der Spatz sein Nest? Spatzen brüten zumeist in Kolonien oder lockeren Verbänden. Das geht, weil anders als bei den allermeisten Singvogel-Arten die Männchen nur das Nest selbst territorial verteidigen. Plätze für Nester finden sich unter Ziegeln, hinter Regenrinnen, in Mauerlücken oder Lüftungsschlitzen. Ursprünglich waren es wohl freistehende Nester auf Bäumen. Dass dem Spatzen bei der Wahl des Neststandortes höchste Flexibilität möglich ist, hat zweifellos zu seinem Welt-Besiedlungserfolg beigetragen. Mitunter führt diese Anpassungsfähigkeit zu höchst unkonventionellen Neststandorten. Genistet wird zum Beispiel im Souterrain von jahrelang aufgehäuften Storchenhorsten. Ebenfalls berichtet wurde von einem Brutpaar, das in über 50 Meter Höhe an einem Hochhaus nistete. Das Nest wurde dabei in mehreren Etappen mit Zwischenstopps angeflogen. Noch skurriler scheint ein Nistplatz in Kansas, USA. Dort legten Spatzen ihre Nester auf einer Erdölpumpe an. An einer Pumpe in beständiger Bewegung wohlgemerkt! Für die Spatzenkinder wurde der Traum vom Leben auf einer nie anhaltenden Schaukel wahr.

Beenden wir unseren Spatzen-Exkurs, indem wir noch einmal den oben erwähnten Mangel an Musikalität aufgreifen. Missliche Lebensumstände können auch das Tschilpen der Spatzen zu einem Sehnsuchtsklang im Menschenohr werden lassen. So schreibt Rosa Luxemburg in einem Brief aus dem Gefängnis im Januar 1918: »Heute haben wir hier 0 Grad. Zugleich aber liegt in der Luft ein so linder, erfrischender Frühlingshauch und oben schimmert zwischen dicken milchweißen Wolken ein so tiefer blauer Himmel, dazu schilpen die Spatzen ganz fröhlich, man könnte denken, es sei Ende März.«

Vielleicht klingt das Tschilpen am Ende doch gar nicht so unharmonisch für Menschen? Warum trügen sonst Volksmusik-Combos ebenso wie Kinderchöre den Spatzen im Namen? Oder projizieren Menschen das niedliche Aussehen zusammen mit der charakterlichen Keckheit auf den Gesang? Der größte Spatz der musikalischen Weltbühne: Edith Piaf. Le Piaf – das französische Wort für »Spatz«! Eine großartige Namensvetterin!

Das Rotkehlchen

Erithacus rubecula (Linnaeus 1758)

Ein Porträt über das Rotkehlchen lässt sich am allerbesten in der Vorweihnachtszeit verfassen. Der kleine Vogel mit dem riesigen Putzigkeitsfaktor ist in dieser Zeit des Jahres omnipräsent. Er ist ein beliebtes Motiv auf analogen und digitalen weihnachtlichen Grußkarten. Auch Verpackungen, Servietten, Socken, Keksdosen und Baumschmuck sind mit Rotkehlchenmotiven geschmückt, oft mit Schnee und roten Beeren als Beiwerk. Der Ursprung dieses mittlerweile globalen Weihnachtstrends liegt wohl in der englisch-irischen Vergangenheit. Warum gerade das Rotkehlchen zum Weihnachtsmotiv geworden ist, hat sowohl biologische als auch kulturelle Gründe.

Biologische Tatsache ist zunächst, dass Rotkehlchen im Vergleich zu ihrer Singvogel-Verwandtschaft sehr wenig scheu und auf Distanz bedacht sind. Während vielerlei Tätigkeiten können Menschen Rotkehlchen aus der Nähe beobachten, sei es beim Umgraben im Garten oder auch beim Picknick am Waldrand. Das hat nichts damit zu tun, dass die kleinen Vögel uns Menschen für besonders vertrauenswürdig oder sympathisch halten. Es erklärt sich aus ihrer Strategie der Nahrungssuche: Noch bevor der Mensch auf den Plan trat, folgten sie den großen Wildtieren des Waldes, um von deren Bodenwühlaktivitäten zu profitieren und Kleintiere zu ergattern. Das Ertragen von Nähe zu merkwürdig riechenden, borstigen oder behaarten Großtieren war dabei von Vorteil, wenn nicht essenziell. Diese Unerschrockenheit zeigt das Rotkehlchen allerdings das ganze Jahr über. Die Verbindung mit Winter und Weihnachtszeit liegt vielleicht daran, dass zumindest auf den Britischen Inseln in dieser Zeit des Jahres deutlich mehr Vögel lebten als in anderen Jahreszeiten. Ziehende Populationen aus Skandinavien, Russland und Zentraleuropa gesellten sich, wenn in ihren Brutgebieten die Winter zu kalt und die Nahrung zu knapp wurde, zu den ortsansässigen Vögeln. Vor allem eines aber machte Rotkehlchen zum Weihnachtsvogel, ganz ohne sein eigenes Zutun:

Im England des 19. Jahrhunderts trugen die Postboten eine Zeitlang rote Uniformen. Wie literarische Quellen jener Zeit belegen, wurden sie daher als »Robin Redbreast«, also mit dem Namen des Rotkehlchens angesprochen. Da in der gleichen Ära das Versenden von Grußkarten begann, wurde der Robin, häufig mit geschmückten Brieflein im Schnabel, zum beliebten Motiv. Die roten Uniformen verschwanden, das Motiv des Vogels als Festtagsdeko-Ikone, ob mit oder ohne Brief im Schnabel, hielt sich bis heute. Und vielleicht schwingt doch bei aller festtäglichen Putzigkeit auch noch ein Hauch alter düsterer Legenden mit. Denen zufolge hat sich das Rotkehlchen seine rote Farbe erarbeitet, indem es den Menschen Gutes tat. Mehrere solcher Legenden erzählen, dass sich das Rotkehlchen die Färbung seiner Brust verdiente bei Versuchen, der Menschheit zu helfen, etwa bei der Erfindung des Feuers oder bei der Linderung von Höllenqualen. Auch um Jesus ranken sich Rotkehlchen-Legenden. Sie beschreiben die Rotfärbung als Folge von Verbrennungen oder vom Baden im Blute oder Erröten aus Ehrerbietung. Und als wäre es der Schaurigkeit noch nicht genug, schmücken Rotkehlchen auch noch die Gräber gewaltsam zu Tode gekommener Menschen – im englischen Märchen ebenso wie in Shakespeares Werk.

Das Rotkehlchen gehört aber auch zu den Arten, die dem Wirken des Menschen ihrerseits etwas verdanken. Immer wenn es in der Natur Veränderungen gibt, gereicht das einigen Arten zum Nachteil, andere ziehen einen Vorteil daraus. Das Rotkehlchen scheint tatsächlich ein Gewinner der menschengemachten Veränderungen der letzten Jahrtausende zu sein. Denn die Anlage von Feldern mit Hecken und die Veränderungen der Wälder hin zu Forsten kamen der biologischen Nische des Rotkehlchens sehr entgegen. Die Vögel leben in mosaikähnlichen Kleinlandschaften mit offenen Flächen, alten Baumbeständen und dichtem Gestrüpp. Vor der landschaftsgestaltenden Aktivität der Menschen dürften diese Bedingungen nur selten erfüllt worden sein, und entsprechend waren Rotkehlchen wohl weitverbreitet, aber nicht oft anzutreffen. Inzwischen sind sie kaum zu übersehen. Ihre Unerschrockenheit, Erbe der Futtersuchstrategie im Schatten großer Säuger, ist bis heute unerreicht.

Aber haben allein die Niedlichkeit und die unerschrockene Zurschaustellung selbiger zur großen Beliebtheit des Vogels geführt? Zweimal war das Rotkehlchen in Deutschland »Vogel des Jahres«. Auch in Großbritannien wurde Robin Redbreast zweimal zum Nationalvogel gekürt, inklusive »National Robin Day«, passenderweise ganz kurz vor Weihnachten, am 21. Dezember. So viel Sympathie! Höchste Zeit, einen Blick hinter die kulturgemachte Fassade zu werfen auf das Leben des Rotkehlchens.

Beim Beschreiben des Äußeren wird zunächst klar, dass wir dem Rotkehlchen im Prinzip seinen Namen verweigern müssten. Denn zum einen ist gar nicht die Kehle, sondern eher die ganze Brust rötlich gefärbt. Zum anderen ist »rot« auch nicht die passende Farbbezeichnung. Jedes kleine Kind wird bestätigen, dass es »orange« ist, was da die Brust des Vogels färbt. Also Orangebrüstchen statt Rotkehlchen? Dass es dazu nicht kam, liegt wohl daran, dass der Farbbegriff »orange« erst mit der Entdeckung Amerikas und damit auch der Orangen in die deutsche Sprache Einzug hielt. Vorher wurden entsprechende Farbnuancen einfach als »rot« bezeichnet. Gleiches dürfte dem Rotfuchs und dem Rotmilan widerfahren sein. Alles eher orange bis braun als rot gefärbte Tiere. Um die Namenskunde abzurunden, sei noch erwähnt, dass es neben dem Rotkehlchen auch noch ein Blau-, Schwarz- und Braunkehlchen gibt. Das männliche Schwarzkehlchen hat eine schwarze Kehle, aber eine ähnlich orangefarbene Brust wie das Rotkehlchen. Beim Braunkehlchen sind Kehle und Brust orange. Wenigstens die Blaukehlchen strafen ihren Namen nicht Lügen. Bei ihnen ist die Kehle tatsächlich knallblau gefärbt. Ebenso stimmig ist der Name des weniger bekannten, in der sibirischen Taiga brütenden Rubinkehlchens. Doch Schluss mit der Farbenlehre! Biologisch gehören all diese Arten zur Familie der Fliegenschnäpper, sind aber dort nicht näher mit dem Rotkehlchen verwandt.

Das Rotkehlchen hat, wie so viele Arten, seinen Beitrag zum wissenschaftlichen Erkenntnisgewinn geleistet. Es geht um die Orientierung der Vögel während des Zugs. Dass Vögel tatsächlich im Winter in wärmere Gefilde umsiedeln, wusste die Menschheit lange Zeit nicht. Noch Aristoteles ging davon aus, dass das Rotkehlchen sich im Sommer in einen Rotschwanz verwandelt. Erst mit Beginn der wissenschaftlichen Vogelberingung begann man, die Reiserouten der Zugvögel nachzuvollziehen. Aber wie navigieren sie? Zunächst lag nahe, dass sich die nächtlich ziehenden Individuen an den Sternen orientieren. Doch das Biologen-Ehepaar Wiltschko konnte zeigen, dass sich Rotkehlchen auch am Magnetfeld der Erde orientieren. Inzwischen weiß man, dass alle Zugvögel diesen Kompass besitzen. Dazu haben die Vögel ganz spezielle Rezeptoren in ihrem optischen System und weitere im nasalen System. In der Kombination können die Vögel Richtungsänderungen sowie minimale Änderungen der magnetischen Feldstärke wahrnehmen und so ihre eigene Bewegungsrichtung an der Erdkugel ausrichten. Genial!

Nun ist es bei Rotkehlchen allerdings keinesfalls so, dass jedes Individuum in jedem Jahr zieht. Es gibt kontinentaleuropäische Rotkehlchen, die den Winter rund um das Mittelmeer verbringen, während andere Individuen gar nicht ziehen. Denn wenngleich ein Winter am Mittelmeer vermutlich angenehmere Temperaturen und das bessere Buffet bereithält, ist selbst in kalten Wintern ein Überleben ohne Fortzug auch in nördlicheren Teilen Europas möglich. Im Frühjahr ist es nachgewiesenermaßen von Vorteil, rechtzeitig vor Brut-Ort zu sein, um ein Territorium zu besetzen und ein Weibchen zu attrahieren. Die Wahrscheinlichkeit einer geglückten Verpaarung ist für männliche Reisemuffel doppelt so hoch. Bei den Weibchen ist der Anteil ziehender Vögel deutlich höher. Ob ein Individuum zieht oder vor Ort bleibt, scheint weniger abhängig von Jahreszeit oder Tagesform zu sein als genetisch bestimmt.

Anders als die anderen Vertreter der Buntkehlchen ist unser Rotkehlchen eine Art, bei der männliche und weibliche Tiere ganz gleich gefärbt sind. Evolutiv entsteht solche Ähnlichkeit in den Fällen, in denen beide Partner etwa gleich großes Interesse an der Wahl eines passenden Pendants haben. Und dies tritt ein, wenn sich Männchen und Weibchen die wesentlichen Aufgaben der Fortpflanzung teilen. Nicht einmal erfahrene Vogelbeobachterinnen können ein männliches Rotkehlchen von einem weiblichen unterscheiden. Bei anderen Arten mit identisch aussehenden Geschlechtern wie bei der Nachtigall, Blaumeise, Singdrossel oder beim Zaunkönig wird die Zuordnung klar, sobald der arttypische Gesang erklingt. Bei diesen Arten sind es nämlich ausschließlich die Männchen, die singen. Beim Rotkehlchen ist das anders. Hier singen auch die Weibchen. Dazu später mehr.

Rotkehlchen in Ruhe zu beobachten, ist gar nicht so einfach. Die Tiere sind fast immer in Bewegung, fliegen, trippeln oder turnen auf und ab. Angeblich gibt es allerdings einen Moment, in dem sich das schlagartig ändert: sobald sie anfangen zu singen. In seinen Verhaltensbeobachtungen beschreibt der grandiose Friedrich Naumann das singende Rotkehlchen so: »Es scheint, so lange es singt, ein ganz anderes Naturell angenommen zu haben; das muntere, kecke, unruhige Rothkehlchen sitzt stundenlang still, ein feierlicher Ernst ist an die Stelle des Frohsinns, eine Art Stolz und Würde an die des üppigen Leichtsinns getreten, und nur bei wenigen Vögeln ist dies so auffallend.« Tatsächlich? Eine Nachfrage bei meiner Freundin Nicole Geberzahn, einer Rotkehlchenforscherin von der Universität Paris-Nanterre, relativiert die Naumann'sche Schilderung. Das stillsitzend singende Individuum würde Rotkehlchen zwar zum perfekten Subjekt aller Gesangsforschung machen. Aber letztlich singen sie doch eher wie die vergleichbaren Arten: zwar nicht beim Fliegen, aber mit häufigen Wechseln der Singwarten innerhalb des Territoriums.

In meinen Ohren ist beim Rotkehlchen tatsächlich nicht so sehr die Struktur des Gesangs, sondern der Klang der Stimme entscheidend, um den rotlatzigen Sänger (oder die Sängerin) zu erkennen. Ganz leicht klirrend, nie harsch, reihen sich Elemente aneinander. So als wäre in der Syrinx des Rotkehlchens ein kleines Glasstäbchen verbaut, das im Singen angeschlagen wird. Aufeinanderfolgend werden Elemente produziert, die sich in ihren Frequenzverläufen unterscheiden. Selten werden Elemente mehrfach wiederholt. Einen Rotkehlchen-Trill mit Stakkato gibt es nicht.

Diese Elemente werden im Gesang des Rotkehlchens zu Motiven und Motive zu Strophen aneinandergereiht. Typisch ist der Wechsel zwischen hochfrequenten und niedrigfrequenten Motiven. Zwischen den sehr variabel langen Strophen werden Pausen von einigen Sekunden eingeschoben. Der Strophenbeginn wird meist mit geringer Amplitude vorgetragen. Einige Strophen verklingen zum Ende hin in immer kürzer und leiser werdenden Elementen, andere brechen mitten in einer ansteigenden Elementfolge plötzlich ab. Typisch ist allerdings ein Schlusselement in tiefer Frequenz. Melancholisch, wehmütig, elegisch, fragend. So wirkt dieser Gesang auf das menschliche Gemüt, denn mit diesen Adjektiven wird der Gesang des Rotkehlchens in vielen Quellen charakterisiert.

Es hat lange gedauert, bis die männerdominierte Ornithologenriege dem Phänomen des Weibchengesangs Beachtung schenkte, und es bedurfte weiterer Jahrzehnte der gelehrten Hinweise und Forderungen, doch den Weibchengesang nicht zu übersehen, bis sich in jüngerer Zeit hier endlich etwas tut. Prinzipiell wirft der Gesang der Weibchen alle Fragen auf, die allgemein an jeden Gesang, jedes Verhalten zu stellen sind: wozu ist es da, wie wird es vom Tier produziert, woraus hat es sich evolutiv entwickelt und wie tritt es im Lebensverlauf auf, kurz, muss es erlernt werden oder ist es angeboren. Die Aufgliederung in die vier »W-Fragen« (wie, wozu, woher, wann im Lebensverlauf) kommt keinesfalls von mir, sondern wurde von Niklas Tinbergen, einem der Gründer der wissenschaftlichen Verhaltensbiologie, etabliert. Es hilft tatsächlich ungemein, sich dieses Ordnungsrasters zu bedienen, wenn man über Tierverhalten nachdenkt oder forscht.

Um eines gleich vorweg zu sagen: wie Rotkehlchen-Weibchen ihren Gesang erlernen, ist noch nicht erforscht. Es wäre ja höchst interessant, ob hier, wie üblich, der Gesang des Vaters als Vorbild dient oder ob matrilinear von der Mutter gelernt wird. Auf jeden Fall unterscheiden sich die Gesänge von Männchen und Weibchen in einigen Details. Darunter ist aber nichts, was dem Laienohr direkt auffallen würde. Die Tiere untereinander können allerdings sehr wohl unterscheiden: Sie reagieren unterschiedlich, je nachdem, ob der Gesang ihres eigenen oder des anderen Geschlechts aus einem Playback-Lautsprecher ertönt.

Weiterhin gab es erste Ansätze, den physiologischen Grundlagen des Gesangs nachzuspüren. Auch bei den Weibchen scheint, ebenso wie bei den Männchen, Testosteron ein für die Gesangsmotivation relevantes Hormon zu sein. Und wie steht es um den Zweck des Gesangs? Weibchen singen zumeist im Herbst. Vermutlich sind das gar nicht die Individuen, die in diesem Gebiet gebrütet haben, sondern gastierende Zugvögel. Sie verteidigen mit ihrem Gesang ein kleines Herbstrevier. Andererseits wurde beschrieben, dass Weibchen Herbstreviere aufgeben und schon einen Tag später mit einem ihrer Nachbarn verpaart sind. Werden so aus Durchreisenden Residents? Nicole Geberzahn und ihre Arbeitsgruppe arbeiten daran, Klarheit in diese Angelegenheiten zu bringen. In den Grünanlagen der Universität und in der weiteren Umgebung werden Rotkehlchen-Weibchen beringt und dann aufgenommen. Nur so ist es möglich nachzuvollziehen, welches Individuum was wann von sich gegeben hat.

Gesungen wird bei den Rotkehlchen also nicht nur zur Paarungszeit im Frühjahr, sondern ebenso im Herbst und bis in den Winter hinein. Fragen zur Funktion dieser herbstlichen Gesänge werden im Kapitel zum Hausrotschwanz verhandelt. Hier sei stattdessen noch ein Juwel der Gesangsschilderungen eingefügt, diesmal von Heinrich Seidel: »Ich für mein Theil habe diesen leisen Herbst- und Wintergesang ebenso gern wie den durchdringend starken im Frühjahr; er hat etwas Behagliches und zugleich Wehmüthiges wie stiller Herbstsonnenschein, und klingt, verglichen mit dem Frühlingsliede, so winzig und nett, wie wenn man eine Landschaft durch ein umgekehrtes Fernrohr besieht.«

Höchst poetisch fällt dann auch der große Auftritt des Rotkehlchens in der Weltliteratur aus. Im »Geheimen Garten« von Frances H. Burnett bringt ein Rotkehlchen die Handlung entscheidend voran, indem es der jugendlichen Protagonistin nicht nur verrät, wo der Schlüssel zum geheimen Garten liegt, sondern auch noch die stark mit Efeu überwucherte Tür zum Garten zeigt. So hat es, zweifellos symbolisch, großen Anteil daran, dass aus der verzogenen Göre eine einfühlsame Menschen- und Naturfreundin wird. Lassen wir Burnett das Kapitel zum Rotkehlchen zusammenfassen: »Nichts auf der Welt ist so bezaubernd und hinreißend wie ein Rotkehlchen, wenn es angibt – und das tun diese kleinen Vögel fast ständig.«

Die Blaumeise

Cyanistes caeruleus (Linnaeus 1758)

Ich bin nicht die Erste, der auffällt, wie viel Ähnlichkeit die typischen Blaumeisen-Bewegungsmuster mit dem Kunstturnen haben. Es sind höchste Werte in der A-Note für athletisches Können und in der B-Note für ästhetische Eleganz zu vergeben. Allein, wie sie im vollen Flug ohne abzubremsen das kleine Loch ihres Nistkastens treffen! Allerdings wirkt die Meisen-Choreographie im Vergleich zum Turnen weniger einstudiert, partiell mit wildem, lustigem Gezappel, kopfüber und kopfunter, durchsetzt. In jedem Fall scheint es, als genieße die Blaumeise Turnen und Bewegung. Wir kommen aus dem Vermenschlichen nicht heraus. Vielleicht würde mir die Blaumeise was pfeifen, wenn sie diese Zeilen vorgelegt bekäme, und stattdessen vom Stress des Futtersuchens, Feindvermeidens, Nestbaus und der Jungenaufzucht erzählen? Denn das Schwirren, Huschen und die plötzliche Richtungsänderung im Flug dienen zumeist dem Insektenfang. Helge Schneider hat diesem Stress im Lied vom kleinen Meisenmann ein großartiges Denkmal gesetzt. So viel Anstrengung, und dann ist es wieder nicht gut genug für die Meisenfrau.

Ob Helge Schneider von einer Kohl- oder Blaumeise singt, bleibt offen. So wie überhaupt diese beiden Arten häufig in einen Topf geworfen werden. Dabei sind sie optisch ganz eindeutig zu unterscheiden. Das schwarze Haupt der Kohlmeise ist schon auf den ersten Blick von Scheitel, Flügel- und Schwanzfedern der kleineren Blaumeise zu unterscheiden, die bläulich leuchten. Irgendwie schauen wohl viele bei den Meisen nicht so genau hin. Wie sonst ist zu erklären, dass es bislang noch keine Meise zum »Vogel des Jahres« gebracht hat? Sie sind einfach verlässlich immer da. Beide nehmen von Menschen angebotene Nistkästen statt der von der Natur eigentlich vorgesehenen Baumhöhlen sehr gut an, beide sind Dauergäste an Winterfutterplätzen. Überhaupt, im Winter, wenn die ziehenden Arten sich im Süden tummeln, leisten uns die Meisen weiter Gesellschaft in den tristen kurzen Tagen und lassen sogar ihre Liedchen weiter hören.

Gesanglich ist es tatsächlich nicht ganz leicht, beide Arten auseinanderzuhalten. Die meisten Menschen differenzieren vermutlich gar nicht zwischen den Lautäußerungen beider Arten. Die vielen Ähnlichkeiten in der Lebensweise und im Verhalten wurden sogar wissenschaftlich genutzt. Um das Lernen und die Funktion des Gesangs besser zu verstehen, wurden in einer Reihe von Experimenten in einem Waldgebiet bei Oslo einzelne Eier zwischen Nestern der Arten ausgetauscht. Die im Blaumeisennest groß gewordenen Kohlmeisen entwickelten ein ganz eigenes Gesangsrepertoire: Es bestand anteilig aus Kohlmeisenstrophen, aus selbst entwickelten »individuellen« Strophen und aus Blaumeisenstrophen. So etwas passiert Kohlmeisen, die ordnungsgemäß im eigenen Nest groß werden, selten. Blaumeisen dagegen bleiben bei dem ihnen eigenen Gesang, selbst wenn sie als Küken im Kohlmeisennest saßen. Ist damit zu erklären, dass auch der Paarungserfolg der »Überkreuz-Aufzuchten« unterschiedlich ausfiel? Blaumeisen wählten adäquate Partnerinnen, Kohlmeisen mit Mischgesang blieben häufig unverpaart. Solche Experimente helfen dabei, Fragen nach dem »Warum« von Tierverhalten zu klären. Denn diese experimentell hervorgerufene Gesangs- und Paarungsverwirrung scheint kaum biologisch-praktische Relevanz zu haben. Unter natürlichen Bedingungen sind Hybrid-Bruten zwischen Blau- und Kohlmeise nicht bekannt. Da bleibt jede Art für sich.

Im Folgenden sei der Fokus ganz auf die Blaumeise gerichtet. Die Art lebt in Europa, bis wenig über die Ränder des Kontinents hinaus. Männchen und Weibchen der Blaumeise sind für uns kaum zu unterscheiden, nur Kenner nehmen winzige Farbnuancen wahr. Für die Meisen selbst stellt sich die Sache anders dar. Blaumeisen gehören nämlich zu den Vogelarten, die auch Teile aus dem ultravioletten Bereich des Lichts wahrnehmen können. Und tatsächlich, unter UV-Licht betrachtet, stellt sich heraus, dass die Krone der Männchen Teile des Lichts in diesem Spektrum ordentlich reflektiert! Allerdings individuell unterschiedlich, so dass

Männchen dies nutzen, um die Stärke eines Nachbarn einzuschätzen. Weibchen nehmen es bei Verpaarungsentscheidungen ebenfalls zur Kenntnis! Entsprechend wird diese kleine Krone aufgestellt und damit ordentlich ins UV-Licht gerückt, wenn es ans Beeindrucken von Männchen oder Weibchen geht.

Doch auch der Gesang der Blaumeise trägt zum erfolgreichen Revier- und Paarungsverhalten bei. Blaumeisen-Männchen singen fünf bis sieben verschiedene Strophen, wobei jede oft wiederholt wird, bevor die nächste zum Vortrag kommt. Meist beginnen sie mit wenigen hohen Elementen, denen ein Glissando tieferer Elemente folgt. Schon seit langem ist bekannt, dass auch Blaumeisen-Weibchen singen. Aber das rückte, wie zumeist, erst kürzlich in den Fokus der Gesangsforschung. Eine erste systematische Studie beschreibt, dass Weibchen zwar nicht ganz so oft und nicht so lange singen wie Männchen und meist nur einen Strophentyp im Repertoire haben. Dennoch: Ein singendes Blaumeisen-Weibchen ist während der Brutsaison durchaus nichts Ungewöhnliches. Genauso wie die Männchen nutzen auch die Weibchen ihren Gesang bei Streitigkeiten rund um den Revierbesitz. Das Singen im Morgenchorus ist dagegen exklusiv den Männchen vorbehalten. Alle Fragen, die sich aus diesen Befunden ergeben, müssen einstweilen unbeantwortet bleiben. Denn noch sind die Funktion des Gesangs bei Weibchen und auch die Bedeutung des Morgenchorus wenig verstanden. Fest steht, dass beide Geschlechter Gesang lernen, wenngleich nicht sonderlich viel. Vielleicht gilt ihr Lernvermögen anderen Problemfeldern? Smart sind die Blaumeisen jedenfalls, so neugierig und innovativ, dass sie zu einer der ersten Tierarten gehörten, für die soziales Lernen beschrieben wurde. Vermutlich seit Jahrhunderten nutzten Blaumeisen ebenso wie Rotkehlchen die Sahne auf der Milch in der Milchkanne als Nahrungsergänzung. Doch irgendwann vor etwa hundert Jahren begannen die Molkereien in England, die inzwischen gläsernen Milchflaschen mit Deckeln aus Alufolie zu versehen. Es gab also eine Zeitspanne, in der die Vögel den leckeren Inhalt kannten, aber nicht mehr an ihn herankamen. Ab hier gingen Meisen und Rotkehlchen verschiedene Wege. Während die zumeist solitär lebenden Rotkehlchen schnell auf die Nahrungsergänzung verzichteten, schafften es einzelne Blaumeisen, den Alu-Verschluss aufzupicken und weiter die Sahne aufzunehmen. Andere Meisen-Individuen schauten sich die Idee ab. So entstanden lokale Traditionen. Inzwischen wurde in Laborstudien nachgewiesen, dass die Tiere wirklich voneinander lernen und nicht etwa parallel zur gleichen Lösung kommen. Soziales Lernen kann also das Verhalten einer ganzen Gruppe verändern und zu neuen Traditionen führen. Der Vorteil gegenüber genetisch fixiertem Verhalten ist, dass die kulturelle Weitergabe schneller geht und flexibler verändert werden kann. So auch im Fall der sahneschlürfenden Blaumeisen. Denn das Ende der Haustür-Lieferungen in Verbindung mit der Produktion fettarmer Milch bedeutete natürlich auch das Aus für das gelernte Verhalten der Meisen. Wie gut, dass die Futtersuche flexibel blieb und nicht etwa genetisch auf die Sahne fixiert wurde. Sonst würden wir die Blaumeise heute zusammen mit dem Dodo und der Wandertaube in einem Buch über ausgestorbene Vogelarten wiederfinden. Ein Hoch auf Flexibilität und Plastizität!

Um so flexibel zu agieren, braucht es das Interesse am Unbekannten und die Neugier, es zu erkunden. Diesen Eigenschaften verdanken die Meisen allerdings eine eher unfreundliche Assoziation. Menschen mit psychologischen Auffälligkeiten, Ticks oder Spleens haben bis heute eben »eine Meise«. Hintergrund ist, dass die Meisen, neugierig wie sie nun einmal sind, schneller als andere, vorsichtigere Arten den Fallenstellern auf den Leim oder ins Netz gingen. Schon in Gessners Vogelbuch aus dem Mittelalter wird geschildert: »ich höre dasz die meisen und nachtgallen seer torächt vögel seiend, und derhalben leichtlich gfangen werdind, dasz sy von gwündrige wägen von stund an an das ort kommend, darvon der vogler erst gewichen ist.« Ein Nachsatz der Nachtigallforscherin: Meisen sind neugierig und von hoher sozialer Intelligenz. Die ebenfalls von Gessner erwähnten Nachtigallen sind – na ja – vielleicht wirklich nicht so helle. Wollen wir eine Umbenennung erwägen? Du hast ja 'ne Nachtigall?

Die Elster

Pica pica (Linnaeus 1758)

Es gilt, eine Ehre zu verteidigen, einen guten Ruf wiederherzustellen oder überhaupt erst zu begründen. Denn die Elster ist eine Ehrenfrau, oder ein Ehrenmann, allem schlechten Leumund zum Trotz.

Zunächst einmal ist die Elster in diesem Buch am richtigen Platz, denn es handelt sich tatsächlich um einen Singvogel par excellence. Systematisch betrachtet jedenfalls. Innerhalb der Singvögel gehört sie zur Familie der Rabenvögel. Mit den anderen Vertretern dieser Familie – Krähen, Raben und Hähern – teilen Elstern die verhältnismäßig große Gestalt, im Vergleich zu den anderen Singvögeln, und den unscheinbaren Gesang. Denn das meiste, was aus einem Elsternschnabel zu vernehmen ist, ist kein Gesang. Es handelt sich um Rufe. »Schackern« oder »schäckern« sind eigens dafür entwickelte Wortschöpfungen. Diese Rufe erklingen bei Gefahr, Aufregung und Alarm. In Auseinandersetzungen um Territorien kann es zu regelrechten Schacker-Duellen kommen. Der Gesang der Elster ist dagegen kaum je zu vernehmen. Wer das Glück hat, ein Elsterpaar zur Balzzeit aus der Nähe beobachten zu können, wird vielleicht glucksende, pfeifende, leise trillernde Lautfolgen vernehmen, die von beiden Tieren produziert werden. Von »Bauchreden« ist zu lesen. Das passt ganz gut, da wohl nicht alle Klänge von der Syrinx, dem Stimmorgan der Singvögel, produziert werden. Der Gesang kommt durch seinen Mangel an Struktur, in der verschiedene Töne in weichen, leisen Folgen produziert werden und nur selten ein Trill zu vernehmen ist, einem vertrauten Plaudern nahe. In einigen Schilderungen wird auch von Imitationen anderer Vögel oder gar Menschen berichtet. Bis ins Jahr 1892 müssen wir zurückgehen, um im »Bericht über die Thätigkeit der St. Gallischen naturwissenschaftlichen Gesellschaft« Beschreibungen »Aus dem Seelenleben der Elster« zu finden. Hier heißt es, dass die handzahm im Haus lebende Elster das Pfeifen und das Lachen ihres Patrons ganz täuschend nachahmen konnte. Das muss uns als Hinweis darauf, dass auch Elstern ihren Gesang so wie alle Singvögel durch Nachahmung lernen, genügen. Denn wissenschaftlich ist der Elsterngesang leider noch nicht untersucht worden. Um noch einmal auf das »Schäckern« zu kommen: Diese Rufserien unterscheiden sich deutlich zwischen geographisch getrennten Populationen. Ob das an den örtlichen Gegebenheiten liegt oder als Hinweis auf vokales Lernen gewertet werden sollte, muss einstweilen offenbleiben. Die entsprechende Studie wurde übrigens an Elsterpopulationen in Südkorea und Japan durchgeführt. Die Elster lebt in ganz Europa und Asien, von Nord nach Süd und von West nach Ost. Außerdem besiedelt sie einige Bereiche des Nordens von Afrika. Eine echte Kosmopolitin. In Amerika gibt es eine äußerlich recht ähnlich erscheinende Art, die Hudsonelster. Vorgänger dieser Art wanderten wohl im Pliozän über die Bering-Landzunge nach Nordamerika ein. Seitdem haben sich die Populationen so weit auseinanderentwickelt, dass sie nun, auch gestützt auf genetische Untersuchungen, als zwei Arten anerkannt sind.

Im Gefieder der Elster gibt es deutlich voneinander abgegrenzte schwarze und weiße Flächen. Weiß sind der Bauch, die Seiten und die Schultern. Dass auch die Federn der äußeren Flügelenden, die Handschwingen, weiß gefärbt sind, sieht man erst im Flug. Den vermeintlich schwarzen Bereichen wohnt ein besonderer Zauber inne: bei Sonneneinfall glänzen sie irisierend in metallischen Blau- und Grüntönen. Wie dieses Licht-Farb-Spiel entsteht, ist im Staren-Kapitel beschrieben.

Ihre wissenschaftliche Sternstunde erlebte die Elster in Würdigung ihrer herausragenden kognitiven Leistungen. Wobei diese Wortwahl in die Irre führt. Es handelt sich hier keinesfalls um Leistungen im Sinne persönlicher Anstrengung. Denn dass Elstern genauso wie viele andere Arten aus der Familie der Rabenvögel zu Lern- und Gedächtnisleistungen in der Lage sind, die vornehmlich von Menschen oder Menschenaffen erwartet werden, hat mit ihrem Futter- und Sozialverhalten zu tun.

Beginnen wir mit dem Futter oder, besser gesagt: dem

Verstecken von Futter. Die Elster versteckt Futter nicht so sehr, um langfristig Vorräte für schlechte Zeiten anzulegen, sondern eher, um ein kurzfristiges Überangebot für einige Zeit »zu strecken«. Klingt trivial, bedeutet aber, dass die Vögel eine ziemlich gute Übersicht darüber haben müssen, was sie wo wann versteckt haben. Diese Art von Gedächtnisleistung ist erfolgreich unter experimentellen Bedingungen untersucht worden. Dabei wurde Elstern in einer Voliere die Möglichkeit gegeben, Futter zu verstecken und später wiederzufinden. Dank der experimentellen Anordnung ließ sich eindeutig bestimmen, wo die Elstern versteckten und wo sie später suchten. Als Futter dienten kleine Ei-Pellets, die in zwei Farben angeboten wurden. Die Vögel versteckten also zunächst die Pellets. Nach einer bestimmten Zeit konnten die Vögel in die Voliere zurückkehren und ihr verstecktes Futter suchen. Zuverlässig suchten sie dabei an den Stellen, an denen sie vorher versteckt hatten. Die »wo«-Erinnerung war damit nachgewiesen. Ein weiterer Kniff belegte auch die Fähigkeit zur »was«- und »wann«-Erinnerung. Für dieses Experiment lernten die Elstern zunächst, dass ein Teil ihres versteckten Futters nach bestimmter Zeit ungenießbar wurde. Nun wurden die Ei-Pellets nicht etwa in gammeliger Qualität angeboten, sondern durch Holzstücke der gleichen Farbe ersetzt. Aus Elster-Logik gab es also leckere Nahrung, die sich nach einer bestimmten Zeit in ungenießbares Holz verwandelte. Ein Beispiel: Ein blaues Ei-Pellet wurde nach drei Stunden von einem blauen Holzstückchen ersetzt, ein rotes erst nach 24 Stunden. Dass die Elstern diese Eigenschaft ihres Futters ebenfalls gelernt hatten, zeigten sie so: sie durften zunächst Futter verstecken. Später suchten sie dann vor allem das »unverdorbene« Futter auf, in unserem Fall das rote. Allein die komplexe Beschreibung dieses Experimentes verdeutlicht, welche Gedächtnisleistungen die Elstern hier zeigen.

In anderen Versuchsanordnungen ging es um ein Vermögen, das lange Zeit eine Trennlinie zwischen Mensch und Tier markierte: die Fähigkeit, sich selbst wahrzunehmen. Im sogenannten »Spiegeltest« lässt sich prüfen, ob jemand in seinem Spiegelbild einen fremden Vertreter der eigenen Art wahrnimmt oder tatsächlich sich selbst. Dazu wird eine prominente, aber für den Getesteten selbst nicht sichtbare Stelle des Körpers mit Farbe markiert. Bei Menschen und Säugetieren ist dies meist die Stirn. Wer so markiert sein Spiegelbild sieht und sich an die eigene Stirn fasst, hat eine Vorstellung von sich selbst, wer in den Spiegel greift, hat sie nicht. So die vereinfachte Logik der Anordnung. Bei den Elstern wurde die Markierung unterhalb des Schnabels angebracht. Einige Elstern nutzten Spiegel offensichtlich, um zielgerichtet die angemalten Farbpunkte zu inspizieren oder zu entfernen. Befunde aus derlei Versuchsanordnungen waren und sind von teils kontroversen Diskussionen begleitet. Die Experimente wurden zumeist nur mit wenigen Tieren durchgeführt, und nur einige davon zeigten das entsprechende Verhalten. Und immer wieder wurden alternative Erklärungen vorgeschlagen. Selbst wenn heilige Grale des »ausschließlich dem Menschen Möglichen« näherer Beforschung selten standhalten, werden sie doch weiter postuliert und bringen so letztlich die vergleichenden Kognitionswissenschaften voran. Wissenschaftliche Vertreterinnen dieser Disziplin haben nicht nur die kognitiven Fähigkeiten der Elstern untersucht, sondern auch einen Beitrag zu ihrer Ehrenrettung geleistet. Sie untersuchten, was dran ist an der »diebischen Elster«, die Glitzerndes und Schimmerndes stiehlt und versteckt. Rossini komponierte Anfang des 19. Jahrhunderts eine ganze Oper rund um eine diebische Elster. Das Motiv hält sich hartnäckig. Ganz aktuell stiehlt in der Krimikomödie »Achtsam morden« eine Elster den Ring einer Leiche. Samt Finger, wohlgemerkt. Also muss doch etwas dran sein an der Legende? In der Studie fanden sich keinerlei Hinweise darauf, dass Elstern von schimmernden Objekten attrahiert werden. Im Gegenteil, die Tiere zeigten zunächst eher neophobes Verhalten. Glänzende Objekte stören (ebenso wie anders gefärbte) beim Fressen. Dieser Effekt ließ jedoch schnell nach, die Objekte wurden dann einfach ignoriert. Die Studie schließt so: »Wir schlagen vor, dass der weitverbreitete Glaube, dass Elstern von glänzenden Objekten attrahiert werden, ein Ergebnis kultureller Generalisation und anekdotischer Evidenz ist. Es zeigt, wie Voreingenommenheit in der Beobachtung die breite öffentliche Wahrnehmung von Tierarten und ihren Einfluss auf die Umwelt bestimmen können.« (Shepard et al. 2015, eigene Übersetzung).

Doch auch in anderer Hinsicht wurde der Elster allerlei übler Hokuspokus nachgesagt und angedichtet. Auch wenn sie in der Bibel gar keinen Auftritt hat, wurden wohl einige der Verleumdungen über den Vogel von der Kirche in Umlauf gebracht. Der Elster wurde mangelnde Ehrerbietung nachgesagt, weil sie angeblich als einziger Vogel am Grab von Jesus nicht trauerte. Später wurden ihr gar teuflische Verbindungen angehängt. So hieß es in Schottland, dass Elstern einen Tropfen Teufelsblut in der Zunge trügen. Würde die Zunge aufgeschnitten, begännen die Vögel in menschlicher Sprache zu reden. Es wäre zweifellos lustig, eine solche Elster mit schottischem Akzent reden zu hören! Für die Elstern war das indes gar nicht spaßig, denn vielfach war solcher Mumpitz der Grund für Bejagung bis an die Grenze der Ausrottung.

Nun griff sicher nicht gleich jeder zur Schrotflinte, wenn eine Elster auftauchte. Aber sich auf dem Kirchgang zu bekreuzigen, wenn eine Elster in Sicht geriet, schien weit verbreitet. Das Ritual, dass man beim Anblick einer einzelnen Elster ausspuckt, sie freundlich grüßt und sich nach ihrem werten Befinden erkundigt (für alle Fälle, um ihr Wohlwollen zu erlangen), hält sich bis heute. Das britische Elster-Orakel ist noch komplexer; je nach Anzahl gesichteter Elstern werden betrübliche oder erfreuliche Ereignisse vorhergesagt. Eine der gängigsten Versionen des entsprechenden Kinderreims geht so: »One for sorrow, Two for mirth, Three for a wedding, Four for a birth, Five for rich, Six for poor, Seven for a witch …« Während eine Elster also Kummer bringt, darf man bei fünf Elstern, die man gleichzeitig sieht, auf Wohlstand hoffen, sechs sind allerdings wieder ein Omen von Armut. So sind Orakel eben.

Verhaltensbiologisch betrachtet kann das Interesse an Aas und damit ihr Auftauchen auf Schlachtfeldern und an Katastrophenorten eine Erklärung für den schlechten Ruf sein. Schon der wissenschaftliche Name der Elster, »Pica«, weist darauf hin, denn das lateinische Wort könnte von einem altgriechischen übernommen worden sein, das sowohl den Vogel als auch ein ungewöhnliches Essverhalten beschreibt. In anderen Gesellschaften kam und kommt die Elster dagegen deutlich besser weg. In vielen asiatischen Kulturen gilt sie als Glücksbringer, und auch in Mythen der amerikanischen Ureinwohner ist sie ein Freund des Menschen.

Schließlich gehört noch ein letztes Elster-Vorurteil ausgeräumt. Ausgerechnet Vogel- und Gartenfreundinnen haben es in die Welt gesetzt: die Elster als fieser Nesträuber und Vogelkiller, dem durch Dezimierung das Handwerk gelegt werden muss. Wissenschaftlichen Studien hält dieses Vorurteil keineswegs stand. Unter fünf Prozent der Nahrung machen nach einer Untersuchung der Mageninhalte von Elstern Vogeleier oder Jungvögel aus. Elstern wirken sich in den meisten Studien nicht negativ auf den Bestand anderer Singvögel aus. Im Gegenteil, wo viele Elstern brüten, ist es um den Vogelbestand insgesamt gut bestellt. Einfach weil da die Bedingungen stimmen. Nun gibt es jedoch nicht wenige Augenzeuginnen, die schildern, wie das begeistert beobachtete Vogelnest im eigenen Garten unter lautem Geschacker von Elstern ausgeraubt wird. Das sollte nicht verwundern, denn neben Mülleimern, totgefahrenen Tieren auf Straßen und Opfern frischer Rasenmähungen gehören im urbanen Gebiet eben auch leicht zugängliche Nester zu Quellen der täglichen Nahrungsversorgung für Elstern und andere Rabenvögel. Ein für Menschen gut beobachtbares Nest im aufgeräumten Garten ist qua definitionem ein leicht zugängliches. Es ist in vielen Fällen also eher der Mensch Ursache der Gefahr, schiebt es aber der Elster (und anderen Rabenvögeln) in die Schuhe.

Nachdem nun hoffentlich mit viel Aberglaube aufgeräumt werden konnte, soll das Kapitel mit schönen Elster-Momenten enden. Das vielleicht schönste Bild einer Elster in der Kunstgeschichte hat viel Aufmerksamkeit erzielt, und auch verdient. Aber gar nicht wegen der Elster. Die weiß gefärbte Landschaft und die farbigen Schatten rundherum sorgten dafür, dass das Bild weltberühmt wurde. Die Elster in Claude Monets »La pie« schaut uns, einsam auf einem Zaun sitzend, mit geneigtem Kopf aus der Winterlandschaft entgegen. Sie wirkt gelassen, keinesfalls so, als würde sie frieren oder gleich weiterfliegen. Als Sinnbild des einsam beobachtenden, kreativen Künstlers in der Landschaft wurde sie gedeutet. Einsam, aber doch um Wärme und Geborgenheit in der Nähe wissend.

Einer anderen Elster-Dame wurde ein ganz anderer Charakter auf den Handpuppenleib geschrieben. Frau Elster aus dem Kinderfernsehen der DDR hatte den Glamour einer alternden Miss Piggy. Sie trug stets Klunkerkette und lebte in einer Beziehung mit Herrn Fuchs. Die beiden siezten sich konsequent und wohnten auch nicht zusammen. Das hielt sie aber nicht davon ab, sich ständig im Stile eines alten Ehepaares zu streiten. Am Ende jeder kurzen Episode versöhnten sie sich zuverlässig. Ein höchst faszinierendes, modernes Beziehungsmodell! Es zeigt sich noch einmal: Die Elster ist eine Ehrenfrau! Darauf einen Pica Pica, so der Name eines alkoholfreien Sekts.

Die Nachtigall

Luscinia megarhynchos (Brehm 1831)

»Im Anfang war die Nachtigall / Und sang das Wort: Züküht! Züküht!« So beginnt Heinrich Heine ein Gedicht aus seinem Zyklus »Neuer Frühling«. Im Anfang war das Wort. So beginnt das Johannesevangelium. Die Nachtigall statt des Wortes also als Anfang von allem? Und wieso »züküht«! In den folgenden Strophen gibt es weitere Bibel-Reminiszenzen rund um Blut und Wund' und Versöhnung. Am Ende stellt sich heraus, dass all das hochtrabende Wort-Gewölk rund um die Nachtigall von einem Spatz erzählt wird, der seinem »häuslich guten Weib« und den Kindern Glaubensunterricht erteilt. Sie singt, und ihr Lied verhallt – wohingegen der Spatz piept und sprechen kann oder darf. Wie so oft tritt hier die Nachtigall in ihrer kulturgeschichtlichen Paraderolle als Sehnsuchtsvogel für einfach alles und jeden auf.

Alle romantischen Herz-Schmerz-Allegorien bestätigend oder einfach ignorierend, untermalt die Nachtigall Jahr für Jahr ab etwa Mitte April die milden Frühlingsnächte mit ihrem Gesang. Viele Jahre habe ich sie dabei belauscht und versucht, dem Geheimnis des Nachtigallengesangs mit Methoden der Bioakustik und der Verhaltensbiologie auf die Schliche zu kommen. Denn aus biologischer Sicht wirft dieser Gesang tatsächlich einige Fragen auf. Wieso singt die Nachtigall nachts? Und warum singt sie so viel Verschiedenes? Woher kann sie das alles? Jede gefundene Antwort warf neue Fragen auf, und viele davon sind weiterhin offen. Dass Nachtigallen hier bei uns nur für recht kurze Zeit des Jahres singen und auch nur eine Brut pro Saison großziehen, erschwert die Datensammlung und damit den Erkenntnisgewinn zusätzlich. Über Jahre werden viele Details, Hinweise und Informationen mit sehr verschiedenen Methoden gesammelt, die schließlich bestenfalls dazu führen, von der vermenschlichten Interpretation hin zum Beschreiben, wie die Evolution das Verhalten und die Lebensverläufe der Arten modelliert hat, zu gelangen. Ob wir wollen oder nicht, behalten wir dabei dennoch stets den menschlichen Blickwinkel bei. Es geht ja gar nicht anders. Und so bleibt die Erforschung von Tierverhalten immer eine Annäherung mit Interpretationsspielräumen.

Was genau hat dem Gesang der Nachtigall zu so großer Popularität verholfen? Drei Zutaten scheinen mir essenziell. Zunächst einmal sind Nachtigallen echte Frühlingsbotinnen. Der Gesang lässt sich tatsächlich nur im Frühjahr vernehmen, in der zweiten Aprilhälfte geht es los. Die unwirtlichen Jahreszeiten verbringen die Vögel im Westen Afrikas südlich der Sahara. Aber auch dort singen sie, wie wir aus einer Zusammenarbeit mit Wissenschaftlern aus Gambia wissen. Säße ich also beim Schreiben dieser Zeilen nicht in Mitteleuropa, sondern in Westafrika, würde es sich vermutlich so lesen: »Nachtigallen singen ab etwa November bis in den frühen März. Manche Vögel haben einen wohltönenden Gesang, während andere nur einzelne Klänge vor sich hin zu stammeln scheinen. Die Vögel singen am Tage, in der Nacht sind sie nicht zu hören. Über die Fortpflanzung ist nichts bekannt, denn noch nie wurde eine Nachtigall beim Brüten beobachtet.« Perspektivwechsel hilft immer! So wird zunächst einmal deutlich, dass die Nachtigall die allermeiste Zeit des Jahres gar nicht in unseren Gefilden ist. Und selbst in den etwa vier Monaten, die sie in ihren europäischen Brutgebieten verbringt, singen die Männchen keinesfalls die ganze Zeit. Nächtlich gesungen wird nur, solange es gilt, ein Weibchen zu gewinnen. Danach erklingt der Gesang »nur noch« im Morgenchorus und Tagesverlauf – so wie bei fast allen anderen in Mitteleuropa ansässigen Singvogelarten ja auch. Ich schreibe »fast«, denn im Lauf von über 20 Jahren nächtlicher Gesangssammlung stellte sich heraus, dass es, allerdings höchst selten, zu artübergreifenden nächtlichen Duetten kommt: Gelbspötter, Drosselrohrsänger, Rotkehlchen und Heidelerche lassen sich zu nächtlichen Gesangseinlagen hinreißen. Aber das sind Ausnahmen. Um neben der Nachtigall und ihrer Zwillingsart, dem Sprosser, eine andere Vogelart zu finden, die so zuverlässig nachts singt, müssen wir bis nach Nordamerika reisen.

Dort trällert nachts der »Mockingbird«, eine Spottdrossel, die nur sehr entfernt mit unserer Nachtigall verwandt ist. Die Marotte, nachts zu singen, ist für Literatinnen auf Titelsuche offensichtlich wichtiger als Verwandtschaft. So wurde aus dem Bestseller-Roman *To kill a mockingbird* eben *Wer die Nachtigall stört*. Obwohl es ja in Alabama ebenso wenig Nachtigallen gibt wie auf dem ganzen Rest des amerikanischen Kontinents.

Doch warum nachts? Oder andersherum, warum singen nicht viel mehr Vogelarten nachts? Kann der hoch komplexe Nachtigallengesang von mehreren hundert Strophen nur nachts in seiner ganzen Schönheit zur Wirkung kommen? Oder ist es wie die Frage nach Henne und Ei, und erst mit dem nächtlichen Singen entwickelte sich das reiche Repertoire, einfach weil die Bühne bereitet war? Jeder Mensch, der behauptet, den Grund für den nächtlichen Gesang zu kennen, vertritt nur die für ihn wahrscheinlichste Erklärung. Zu viele Wissenssteinchen fehlen noch am Mosaik.

Ein solches Steinchen wollten wir in der Berliner Nachtigallenforschung finden. Es ging darum, wie das nächtliche Singen hormonell reguliert wird. Genau wie beim Menschen wird bei Vögeln der Schlaf-Wach-Rhythmus vom Hormon Melatonin reguliert. Während der Zeit des Zuges zwischen Afrika und Europa sind die Melatoninwerte bei Zugvögeln niedrig, denn der Zug findet nachts statt. Nach Ankunft pegelt sich das Melatoninlevel wieder im Tag-Nacht-Rhythmus ein. Doch wie ist das bei den Nachtsängern? Wir erarbeiteten einen ambitionierten Forschungsplan dazu, ob und wie sich die Melatoninwerte von freilebenden Nachtigallen nächtens und am Tag im Lauf der Brutsaison ändern. Die Daten sind noch in der Auswertung und es ist zu früh, die ganze Geschichte zu erzählen. Auf jeden Fall deuten die Analysen darauf hin, dass die Melatoninwerte von Nachtigallen ganz ungewöhnlich niedrig sind in der Nacht. Vorerst noch hypothetisch könnte es vielleicht eines Tages so lauten: Mit erfolgreicher Verpaarung, und damit recht wahrscheinlich unter Beteiligung der Sexualhormone, steigt der Melatoninspiegel. Das führt dazu, dass das nächtliche Singen eingestellt wird. Aber wann sinkt dann der Melatoninspiegel der nicht nachts singenden Weibchen? Und haben unverpaarte Männchen, die ja bis lange in die Brutsaison hinein singen, die ganze Zeit weiter einen niedrigen nächtlichen Melatoninspiegel? Es bleibt spannend.

Die Daten für dieses Projekt erhoben wir im Treptower Park in Berlin. Einmal wurden wir dabei plötzlich vom gleißenden Licht einer Taschenlampe angestrahlt – zwei Streifenpolizisten interessierten sich für unser nächtliches Tun. Nachdem wir die Umstände erklärt und unsere behördliche Genehmigung aus der Tasche gekramt hatten, kamen wir ins Gespräch. Einer der beiden Polizisten beklagte sich über eine Nachtigall vor dem Fenster, die ihm den Schlaf raubte. Er erkundigte sich nach Möglichkeiten, die Nachtigall zum Verstummen zu bringen. Er war nicht der Erste, der mir diese Frage stellte. Tatsächlich kann der Leidensdruck von Menschen, die in Nähe singender Nachtigallen schlafen, recht hoch sein. Immerhin singen die Vögel mit einer an Staubsauger oder Saxophone erinnernden Lautstärke. In jeder Frühlingsnacht, ab Mitternacht bis in den Morgen hinein. Falls sich das Männchen nicht verpaart, sogar viele Wochen lang bis in den Juni! Christian Morgenstern scheint das Problem gekannt zu haben. Er lässt seinen Palmström die Bitte an eine Nachtigall herantragen, sich doch bitte in einen Fisch zu verwandeln – »und gesanglich dementsprechend handeln«.

Eine biologisch mögliche Lösung wäre es, einen Lautsprecher aufzuhängen, aus dem Nachtigall-Gesang ertönt. Denn wie Erich Fried wunderbar formulierte: »Was heißt das süße Lied / der Nachtigall? Es heißt / Hau ab / hau ab. in diesen Bäumen bin nur ich / nur ich / das Männchen«. Das Problem wäre aber, dass der Lautsprecher ebenso laut sein muss wie die echte Nachtigall. So wird es wieder nichts mit dem Nachtschlaf. Erfolgreicher könnte es sein, einen Beitrag dafür zu leisten, dass das ins Leben gesungene Revier höchst attraktiv auch für ein Weibchen ist. Denn wie beschrieben endet der Nachtgesang ja nach erfolgreicher Paarung. An der Qualität des Gesangs und des Sängers kann man sicher nichts ändern, aber wenigstens sollte das Weibchen mit der Umgebung zufrieden sein. Also: Legen Sie sowohl Freiflächen als auch dichtes Gestrüpp zum Beispiel aus Brombeeren an, dazu möglichst eine Krautschicht mit Brennnesseln. Wenn Sie jetzt Ärger mit der rasentrimmenden Nachbarschaft bekommen, schieben Sie's auf mich! Oder versuchen Sie es mit paradoxer Intervention und laden zum Mitmachen ein. Denn da, wo mehrere Männchen im Umkreis singen, finden sich meiner Erfahrung nach auch mehr Weibchen ein und die Verpaarungsrate steigt.

Dass der Gesang eben nicht nur die »Hau ab«-Message enthält, sondern durchaus auch als romantisches Liebeswerben gedeutet werden kann, hat natürlich mit den Verpaarungsinteressen der weiblichen Nachtigallen zu tun. Denn im Gesang findet sich viel Information über den Sänger. Wer »Nachtigallisch« versteht, kann dem Gesang Informationen über Alter, Herkunft, Gesundheit und sogar Tauglichkeit als Kükenfütterer entnehmen. All das konnte unsere über zwanzig Jahre währende Langzeitstudie an Nachtigallen in Berlin und Brandenburg belegen. Weniger weit sind wir hinsichtlich der Frage, was die Weibchen aus all diesen Informationen machen. Geht es ihnen beim Abhören des Gesangs wirklich darum, »Mister Perfect« zu finden? Und was wäre perfekt – der beste Nachtigallenmann aller Zeiten? Oder der bestmöglich Passende zur eigenen Ausstattung, also eher das Topf-und-Deckel-Modell? In jüngster Zeit finden sich auch Wissenschaftler, die meinen, dass bei all dem versatilen Gesang und den vielen Informationen Verpaarungsentscheidungen doch eher nach dem »Passt schon, alles gut«-Ansatz getroffen werden. Schließlich kann nach der Brutsaison gewechselt werden. Und es gibt immer noch die Option, einen Teil der Eier von anderen Männchen befruchten zu lassen. Dank genetischer Analysen konnten wir zeigen, dass Nachtigallenweibchen dies tatsächlich tun. Und dabei in der Nachbarschaft die Männchen wählen, die gesanglich von ihren »guten Eigenschaften« berichten. Vielleicht singen also die Männchen gar nicht nur für die eine erwählte Jahresgattin, sondern für paarungswillige Weibchen allgemein? So hatte sich das die romantisierende Dichterschaft womöglich nicht vorgestellt. Vielleicht hätten sie dann die Nachtigall und ihren Gesang nicht so oft in Gedichten und Liedern erwähnt und gedeutet. Schon in den Anfängen der deutschsprachigen Lyrik im 12. Jahrhundert hat sie einen Ehrenplatz, nämlich bei Walther von der Vogelweide. Während die meisten mit seinem Namen wohl vor allem die Hochminne verbinden, bei denen der Ritter un-erhört ein Edelfräulein anbetet, hat die Nachtigall ihren Auftritt in einem anderen Kontext. Im Gedicht »Under der linden« ist das lyrische Ich ein junges Mädchen, das sich heimlich mit dem Liebsten ein Stelldichein in den Wiesen gibt, wo er ein »Bett aus Blumen« bereitet hat. Einziger Zeuge des Liebesspiels ist ein kleiner Vogel: »schône sanc diu nahtegal«. Spannen wir den Bogen weiter Richtung hier und jetzt, finden wir erstmals in einer 100 Jahre alten sinfonischen Dichtung echten Nachtigallengesang beigemischt. Nun kommt der Vogel also endlich selbst zu Wort. Der Komponist Otto Respighi hatte dafür eine ganz bestimmte Schellackplatte vorgesehen. Denn so groß war der Ruhm der Nachtigall, dass ihr Gesang als eine der ersten Tonaufnahmen aus der Natur dokumentiert wurde. Und daraus eine der ersten Schallplatten mit Tierklängen gepresst wurde. Schade, dass in nachfolgenden Aufführungen des sinfonischen Werkes die wenigsten Dirigenten den Angaben Respighis in der Partitur folgten. Sie mischten stattdessen allerlei andere, mehr oder weniger passende Vogelgesänge ein.

Ein Beleg dafür, dass der Gesang der Nachtigall auch für Hörerinnen von heute nichts von seinem Zauber verloren hat, findet sich beim amerikanischen Singer-Songwriter und TikTok-Superstar JVKE. In seiner zum weltweiten Hit avancierten Ballade »Golden hour« erklingt zum Ende Vogelgesang. Wie auch immer der junge Mann aus Rhode Island seine Vogelklänge für das Stück ausgewählt hat, es klingt verdammt nach einer Nachtigall. Hören Sie gleich rein. Es sei denn, es ist eine laue Mainacht und Sie haben einen Flecken nicht allzu aufgeräumten Stadt- oder Landgrüns in Ihrer Nähe. Dann spüren Sie die Klänge des vielleicht legendärsten Sängers unter den Singvögeln mit etwas Glück direkt dort auf.

Der Hausrotschwanz

Phoenicurus ochruros (Gmelin 1774)

Der Hausrotschwanz ist neben den Spatzen, Meisen und Amseln einer der »08/15«-Vögel in mitteleuropäischen Städten und Siedlungen. Rotschwanz oder Rotschwänzchen wird er liebevoll genannt. Die Vögel sind über weite Teile des Jahres präsent, die Männchen fallen durch ihren markanten Gesang auf, sowohl Männchen als auch Weibchen durch ihr nervös anmutendes Rumgehibbel. Ständig sind sie in Bewegung, oder wenn doch einmal nicht, dann bewegen sich wenigstens die Beine knicksend und der Schwanz zittert. Das Männchen sieht mit seinem sehr dunkel gefärbten Gefieder mit rostrotem Schwanz aus, »als wäre er über einer Lampe zum größten Theil schwarz geblakt«, schreibt Heinrich Seidel. Die Weibchen sind deutlich schlichter gefärbt. Höchst Interessantes geschieht im ersten Erwachsenenjahr. Hier gleicht nämlich der überwiegende Anteil von Männchen im Federkleid noch ganz den Weibchen. Auch der Gesang der Einjährigen zeigt große Unterschiede zu dem der älteren Männchen. Ganze Theoriegebäude ranken sich um diese verzögerte Gefieder- und Gesangsreifung. Ist es für die Einjährigen ein Nachteil oder Vorteil, dass ihr junges Alter für jeden Mitvogel erkennbar ist? Genießen sie so etwas wie »Welpenschutz«, oder müssen sie sich bei der Ressourcenverteilung um Territorien und Paarungspartnerinnen ein Jahr lang geduldig hinten anstellen? Die Zusammenhänge sind komplex und längst noch nicht verstanden.

Bei so interessanten Lebensverläufen und auffälligen Bewegungen ist doch zu erwarten, dass der Hausrotschwanz ähnlich wie Nachtigall, Lerche, Schwalbe oder Spatz seine Spuren in Alltags- und Hochkultur, in Sagen, Geschichten und Liedern hinterlassen hat. Aber es findet sich bemerkenswert wenig, so gut wie nichts. Gerade einmal ein Gedicht von Adolf Holst, in dem es um »Hänschen, das Rotschwänzchen« geht. Da wird aber auch kaum auf den Vogel, geschweige denn auf dessen Biologie Bezug genommen. Einzig der Reim scheint Rotschwänzchen zum Hänschen gemacht zu haben. Auch in Folklore und Mythos findet sich kaum etwas über den Vogel, abgesehen davon, dass er in einigen Gegenden angeblich den Hof vor Feuer beschützen sollte, in anderen dagegen Brände vorhersagte. Magere Ausbeute für so einen auffälligen Mitbewohner! Die Erklärung ist ganz einfach: Der Hausrotschwanz hat sich die Städte und Siedlungen erst kürzlich, vor ungefähr 250 Jahren, als Sekundärhabitat erschlossen. Kein Wunder, dass er weder in der Bibel noch in christlichen Mythen eine Rolle spielt, noch in alten Volksmärchen oder bei Shakespeare auftaucht! Die ursprüngliche Heimat des Hausrotschwanzes sind die Gebirge und Hochgebirge, und dort vor allem die hohen, unwirtlichen Lagen. Wer hätte gedacht, dass dieser häufige Stadtvogel im Himalaya sogar auf über 5000 Meter brütend angetroffen werden kann. Auch in den Alpen und anderen europäischen Hochgebirgen kommt er prima auf über 3000 Metern Höhe zurecht, zuweilen bis an die Schneegrenze. Damit will er von allen auf der Nordhalbkugel angesiedelten Singvogelarten am höchsten hinaus.

Der Hausrotschwanz eroberte die menschlichen Siedlungen, sobald es dort in ausreichendem Maß gemauerte Nischen und Unterschlupfe gab. Dass der Übergang vom seltenen Gebirgsvogel zum Städter so schnell ging, hat auch mit dem Zugverhalten der Art zu tun. Hausrotschwänze bleiben im Herbst lange da und kommen im Frühjahr zeitig zurück. Dazwischen verbringen sie nur wenige Monate rund ums Mittelmeer. So bleibt in den Brutgebieten Zeit für die Wahl geeigneter Nistorte und für das Brüten selbst. Doch damit allein erobert man noch keine neuen Gegenden. Hier fällt den einjährigen Vögeln eine entscheidende Rolle zu. Was in der Fachsprache »Zwergprolongation und Dispersionsdrang« heißt, meint einfach zwei gut nachvollziehbare Zugmuster der Einjährigen. Sie gehen nicht dahin, wo sie herkamen (man könnte auch deuten: sie meiden das Elternhaus). Und sie fliegen häufig ein wenig übers Zielgebiet hinaus. Finden sie dort geeignete Nistplätze und, ebenso wichtig, exponierte Singwarten, dann steht der Neubesiedlung nichts im Weg. Während die Urbanisierung weiter

Teile der europäischen Natur viele, viele Verlierer unter den Tier- und Pflanzenarten zu verzeichnen hat, gehört der Hausrotschwanz zu den Gewinnern der Verstädterung, denn durch sie wurde sein Abstieg aus den alpinen Höhen ins zentraleuropäische Flachland möglich. Die Auswirkungen menschlichen Treibens auf Verbreitung und Häufigkeit von Arten haben noch ein makabres i-Tüpfelchen. Ausgerechnet in den Ruinen der zerbombten Städte des Zweiten Weltkriegs trafen die Hausrotschwänze hervorragende Lebensbedingungen an. Auf den Brachen und freien Flächen fanden sie ausreichend Nahrung, die Ruinen boten Nistplätze und Singwarten. Die Zunahme von Brutvögeln in den mitteleuropäischen Kerngebieten führte wiederum zu einer verstärkten Besiedlung der Randgebiete der Population in Dänemark, Schweden und in Großbritannien. So stieg zum Beispiel die Zahl der Hausrotschwanz-Brutpaare im und nach dem Krieg in London um das Vierfache. Letztlich reden wir aber immer noch nur von etwa 50 Brutpaaren, die bis heute dem britischen Klima trotzen. Die meisten davon, wenig überraschend, weiterhin in und um London.

Nichts liegt mir ferner, als aus diesen Zusammenhängen eine »Erfolgsstory« zu basteln. Erzählt gehören sie dennoch als ein weiteres Beispiel dafür, wie das Leben und Treiben des Menschen auf diesem Planeten völlig ungeahnte und ungewollte Folgen für alle anderen Lebewesen hat. Die menschengemachte Klimakrise ist nun das globale »Experiment« dazu. Wir täten alle miteinander gut daran, uns schleunigst um den Abbruch dieses Abenteuers zu kümmern, indem wir zumindest die Klimaziele erreichen. Sonst werden einzelne Arten zwar zu globalen Gewinnern zählen, die überwältigende Mehrheit der Tiere und Pflanzen wird jedoch nicht so flexibel reagieren. Schon jetzt ist das Artensterben in vollem Gange. Gegen meine sonstigen Überzeugungen bin ich in dieser Frage sehr konservativ und möchte das Herkömmliche behalten. Ich hoffe einfach, dass auch künftige Generationen von Amselgesang, Lerchenzwitschern und dem Geknirsche des Hausrotschwanzes geweckt werden.

Und damit sind wir beim Gesang, dem vielfach nur ein »genügend« oder höchstens »befriedigend« ausgestellt wurde. Es mangelt vermeintlich an Wohlklang. Im menschlichen Ohr, versteht sich. Bei Gerlach etwa lässt sich nachlesen: »Es ist kein sehr schönes Lied, vielmehr heiser, mit Mühe hervorgepreßt, eher ein Geräusper als Musik; erst am Schluß folgen ein paar flinke, helle Pfiffe. … Es ist ein Laut, wie wenn ein Sturmwind um die Gipfel fetzt …« Andere Autorinnen umschreiben den Klang ebenfalls wenig wohlwollend: Es klinge, als sei die Kehle für das Lied zu eng, als würde der Gesang nicht herauskommen, als würde der Vogel vomieren, knirschend wie beim Kabelbrand, kratzend scheuernd, oder würgend, als würde der Boden mit Papier gewischt. Im Fränkischen wurde der Vogel auch Dachgatzer genannt. Gatzen bedeutet stammeln, stockend sprechen oder lispeln. Das Urteil von Heinrich Seidel ist so beispielhaft wie vernichtend: »Wenn nun diesem Liede auch die Schönheit abgeht, so scheint es dem Rothschwanz selbst doch außergewöhnlich zu gefallen, was ja, leider nur allzu häufig, auch eine menschliche Schwäche ist, und er kann es so wenig erwarten, die Welt mit seiner Lyrik zu beglücken, dass er sich sogar den Schlaf abbricht.« Ich verstehe diese Häme nicht. Wie langweilig wäre es, wenn jeder Vogel so wohlklingend flöten würde wie die Amsel! Das Knirsch-Gurgeln ist einfach das Alleinstellungsmerkmal des Hausrotschwanzes, der Sound, an dem ich ihn mit Sicherheit aus jedem Morgenchorus heraushöre. Der Laut, der so viel Missfallen hervorruft, findet sich im Mittelteil jeder Strophe des Hausrotschwanzes, eingerahmt von einem Anfang, der wie ein aus dem Schwung gekommener Trill klingt, und einigen wohlklingenden Zwitscherelementen am Ende. Die schöne (ja!) Stimme des Hausrotschwanzes ist in zweierlei Hinsicht Zeitgeber: einerseits singt der Vogel sehr früh am Tag. Schon über eine Stunde vor Sonnenaufgang stimmt er sein Morgenlied an. Nachtschwärmer hören ihn auf dem Nachhauseweg. Wenn der Vogel schon zu Shakespeares Zeiten aus dem Hochgebirge in die Siedlungen umgezogen wäre, würden wir Julia jetzt vielleicht »Der Hausrotschwanz wars und nicht die Nachtigall …« deklamieren hören. Andererseits ist der Gesang des Hausrotschwanzes nicht nur sehr früh im Jahr, lange vor Beginn des Frühlings zu hören, sondern auch noch einmal im Herbst. Vögel, die bis in den Spätherbst hinein singen, haben deutlich bessere Chancen, ihr Brut-Territorium auch im nächsten Frühjahr wieder besetzen zu können.

Nicht zuletzt dieser Gesang bis in den Oktober hinein hat das Interesse der Wissenschaft geweckt. Die Arbeitsgruppe um Wolfgang Goymann am Max-Planck-Institut für Ornithologie, das neuerdings MPI für biologische Intelligenz heißt, hat die Hormone ins Visier ihrer Hausrotschwanzgesangsforschung genommen. Für viele Singvogel-Arten war schon bekannt, dass der Gesang und das Territorialverhalten vor allem von Testosteron reguliert werden. Testosteron-Level steigen im Frühjahr an, und so starten der Frühlingsgesang und die Verteidigung eines Territoriums. Je mehr Testosteron, desto aggressiver. So weit die Story, wie sie mittlerweile in Biologie-Lehrbüchern nachzulesen und vielfach kolportiert ist. Aber natürlich ist es, wie immer bei genauerem Hinschauen, komplexer und komplizierter. Die Jahresroutine des Hausrotschwanzes lädt ein, die Zusammenhänge aufzudecken. Denn zwischen dem Brutgeschehen inklusive Gesang und Revierverteidigung im Frühjahr und dem Gesang und Territorialverhalten im Herbst liegt die Zeit der Mauser im Spätsommer. Ob die Männchen in dieser Zeit wohl dennoch ihr Territorium verteidigen? Und wie wird das hormonell reguliert? Solche Fragen wurden angegangen, indem man die Männchen zu einer Challenge herausforderte. Ein ausgestopftes Vogelexemplar plus Gesang aus einem Lautsprecher simulierte einen Eindringling in das Territorium. Tatsächlich reagierten die Tiere in den drei Phasen (Brüten, Mauser, Herbstgesang) darauf ganz ähnlich, indem sie ihr Territorium verteidigten. Dazu näherten sie sich dem vermeintlichen Eindringling mehr oder weniger schnell an und zeigten aggressives Kopfnicken. Im Gesang fanden sich sehr wohl Unterschiede. Während der Mauser wurde gar nicht gesungen. Frühjahrs- und Herbstgesang unterschieden sich in einigen Parametern. Die Konzentration von Testosteron war dagegen in der Brutzeit hoch, danach lag sie nahe null. Die Territorialverteidigung ist also weitestgehend von dem Hormon Testosteron entkoppelt. Dies wird dadurch möglich, dass die Rezeptoren für Testosteron in bestimmten Hirnarealen im Jahresverlauf unterschiedlich verteilt sind. Es ist also nicht so sehr die Konzentration des Hormons im Blut, sondern vielmehr die Verteilung der Rezeptoren im Gehirn, die steuert, wie der Gesang sich im Jahresverlauf verändert.

Zum Ende des Kapitels verrate ich Ihnen noch ein Geheimnis. Neulich sang ein Hausrotschwanz nur wenige Meter von mir entfernt auf der Dachterrasse. Und da habe ich endlich herausgefunden, wie dieses gewürgte Element in der Mitte der Gesangsstrophe klingt. Also, wie es für mich klingt. Nämlich wie ein Kirschkernkissen, das gerieben wird. Nicht geschüttelt, dann klackert es. Aber wenn Kirschkerne aneinander knirschen, klingt das wie ein Stück Hausrotschwanzgesang. Vielleicht erklärt das meine große Zuneigung zu dieser Art? Der Klang des wohlig warmen Kissens beim Wachwerden? Wie dem auch sei, finden Sie

Ihre eigene Assoziation. Und helfen Sie mit, diesen kontrovers diskutierten Gesang und den kleinen Vogel mit schwarzem Bauch und rotem Schwanz in den Siedlungen zu erhalten!

Die Amsel

Turdus merula (Linnaeus 1758)

Wenn *ein* Singvogel für das Sanfte, Schöne, Gemäßigte steht, dann ist es wohl die Amsel. Dafür wird sie mit Meriten überhäuft. Sie zählt zu den »Wild Birds Big Five«, die ein vogelaffines europäisches Publikum gewählt hat. Immer wieder nimmt sie vordere Plätze bei Beliebtheitsumfragen ein. Vor allem aber singt sie schöne Melodien ohne »Rattern und Schackern« und wird deshalb von Komponisten für ihr musikalisches Verständnis sehr gelobt. Vor allem die Ähnlichkeit zu menschlicher Musik wird dabei hervorgehoben. Der Komponist Heinz Tiessen etwa stellt die Nachtigall als Sängerin der Amsel als Komponistin gegenüber – und gibt Letzterer klar den Vorzug: »Die Amsel ist, mit den menschlichen Maßstäben von Melodik, Harmonik und Rhythmik gemessen, der musikalisch höchststehende Singvogel Mitteleuropas«, schreibt er 1953. Da haben wir sie, die menschlichen Maßstäbe. Die Amsel singt nämlich nicht nur wohltönend melodiös, ihr Gesang ist vor allem mit dem gängigen Notensystem und den dazugehörigen Fachbegriffen sehr gut zu beschreiben. Besser als die meisten anderen

Vogelgesänge. Mit einiger Übung kann ein Mensch diesen Gesang sogar ganz gut nachahmen, wie etwa der Vogelstimmenimitator Uwe Westphal beweist. Über feine Frequenzmodulationen scheint die Zuhörerschaft dabei, einfach aus Gewohnheit, hinwegzuhören. Die finnische Soundkünstlerin Oona Räisänen ging einen anderen Weg: Basierend auf einem Traum, in dem eine Amsel zu ihr sprach, versuchte sie, ihre menschlich gesprochenen Sätze in Amselsprache zu übersetzen. Dazu filterte sie mit ausgeklügelten Signalverarbeitungsalgorithmen aus dem Gesprochenen so viele Frequenzen heraus, bis nur noch ein schmales moduliertes Frequenzband übrigblieb. Es klingt tatsächlich beeindruckend amselähnlich, vor allem, wenn das Ergebnis mit doppelter Geschwindigkeit abgespielt wird. So faszinierend diese Kunststücke sind: Eine echte Amsel würde dem »Deep Fake« nicht auf den Leim gehen.

Verlassen wir uns also auf die wissenschaftliche Untersuchung des Amselgesangs mittels Spektrogrammen. Amsel-Männchen tragen bis zu 30 verschiedene Strophen vor, in denen sie Elemente immer wieder anders kombinieren. Dabei werden die Elemente nicht direkt wiederholt, es gibt also keinen »Amselschlag«. Stattdessen reihen sich die Elemente verschiedener Frequenzen und Modulationen im Motivteil der Strophe aneinander. So entsteht der Eindruck einer Melodie. Dem Motiv folgt häufig ein Anhängsel, auch »Geschnirp« genannt, das geräuschhafter klingt. Zwischen den Strophen werden Pausen gemacht. Das erlaubt es Männchen, in direkten Gesangsaustausch zu gehen, wobei gleiche oder ähnlich klingende Motive zum Einsatz kommen. Viele Klangentsprechungen zeugen dabei nicht etwa von Eintracht, sondern sind ein Zeichen gesteigerter Aggression.

Weibliche Amseln verlassen sich bei der Partnerwahl nicht nur auf die Qualität des Gesangs. Auch ein optisches Merkmal findet Beachtung. Amsel-Männchen haben ein durchweg tiefschwarzes Gefieder. Ihr knallgelb bis orange gefärbter Schnabel und ein ebenso leuchtender Augenring um die dunkelbraune Iris werden so zu echten Hinguckern. Und genau dieses Hinschauen lohnt sich für Weibchen auf Partnersuche ebenso wie für Männchen, die die Stärke eines Rivalen abschätzen wollen. Die Färbung entsteht durch spezielle Farbstoffe, Karotinoide. Die Vögel können sie nicht selbst bilden, sondern nehmen sie mit der Nahrung auf. Zugang zu diesen Farbstoffen, aber auch das allgemeine Futterangebot sowie Parasitenbefall entscheiden in der Kombination über die Intensität der Färbung. Alles wichtige Informationen, denn letztlich weist eine intensive Färbung so auf eine gute Kondition und ein gutes Immunsystem hin. Küken von Männchen mit intensiver Schnabelfärbung sind denn auch gesünder als solche von »Blassschnäbeln«.

Apropos blass: Mitunter begegnen uns Amseln mit anteilig oder sogar ganz weiß gefärbten Gefiedern. Dabei handelt es sich um eine genetische Störung, die die Einlagerung von Pigment in Federn verhindert. Anders als beim echten Albinismus wird das Pigment aber durchaus produziert, was an der immer noch arttypischen Augenfärbung zu erkennen ist. Da somit der Sehsinn dieser Individuen voll intakt ist, haben sie keine gravierenden Nachteile und gleich hohe Überlebenschancen wie ihre normtypischen Artgenossen. Schon Aristoteles berichtet von solchen verfärbten Amseln.

Amseln gibt es in fast ganz Europa sowie in Teilen von Nordafrika und Asien. Auch in Australien und Neuseeland wurden sie angesiedelt. Die Amsel lebt noch gar nicht so lange in unserer direkten Nachbarschaft. Anders als der Hausrotschwanz kam sie nicht aus dem Gebirge, sondern aus dem tiefen Wald zu uns in die Städte und Siedlungen. Zunächst auf Durchreise, dann mit ersten Brutversuchen. Innerhalb weniger Generationen wurden geeignete Städte besiedelt. Der Wald blieb und bleibt weiter von Amseln bewohnt. Fragen Sie den Jäger oder die Jägerin Ihres Vertrauens: Das plötzliche Alarmgemeckere der Amsel verscheucht jedes Wild und bringt schreckhafte Menschen an den Rand einer Herzattacke. Womit hier auch die »unschöne« Lautäußerung der Amsel, das Meckern oder Zetern, Erwähnung findet.

Ihren Erfolg in der Stadt verdankt die Amsel ihrem Lifestyle. Zunächst einmal stellt sie wenig Ansprüche an geeignete Brutplätze. Für kuschelige Nestwärme sorgt die Amselgattin selbst, indem sie beim Nestbau einen Bauplan aus mehreren Schichten inklusive Matsch- oder Lehmdämmung umsetzt. Gefahr droht Amselkindern vor allem erst nach dem Verlassen des Nestes. Streunende Katzen und der

Straßenverkehr sind dabei die Haupttodesursachen. Die Zahlen dazu erschrecken, aber sie sind doch nicht so hoch, dass eine Dezimierung der Bestände zu befürchten wäre. Das passiert allerdings hin und wieder regional, wenn das Usutu-Virus zuschlägt. Das von Stechmücken übertragene Virus führt zum Tod von Vögeln, in den meisten Fällen trifft es Amseln. Das gedrängte Zusammenleben in der Stadt könnte der Verbreitung des Virus Vorschub leisten. Auch wenn bei einer ersten Erkrankungswelle in einer Region ein Großteil der Population dem Virus zum Opfer fällt, erholen sich die Bestände und folgende Infektionswellen fallen weniger dramatisch aus. Das liegt an der Herdenimmunität, die unsere eigene Spezies mit dem Corona-Virus ja gerade durchlebt hat.

Ein weiterer Aspekt der erfolgreichen Stadteroberung dürfte die ausgesprochen flexitarische Ernährung der Amseln sein. Sie suchen ihre Nahrung vorwiegend am Boden und hantieren oder besser schnabulieren dabei geschickt und überbordend mit altem Laub und Bodenschichten. Wem der Balkonblumenkasten schon einmal von einer Amsel zerwühlt wurde, weiß, wovon die Rede ist. Regenwürmer, Käfer und Insektenlarven in allen Stadien werden dabei erbeutet. Aber auch Beeren und überreife Früchte werden nicht verschmäht. Nachdem sich der scheue Waldvogel zum zutraulichen Gartennachbarn gewandelt hatte, mussten Vogelfreunde allerdings auch einige verstörende Formen des Nahrungserwerbs beobachten. Heinrich Seidel zitiert etwa aus einem Brief eines Freundes: »Die Amsel gestaltet sich bei der Hitze aber zum reinen Raubthier. Schnecken und Regenwürmer fehlen ihr, so geht sie an Eier und junge Vögel. Ich habe zwei Fälle konstatirt, wo sie Nester ausnahm und drei, wo sie mit jungen Vögeln angeflogen kam. Nach der ersten Brut von sechs Jungen habe ich ihr denn auch keine weitere Vermehrung bei mir erlaubt.« Zum Glück stießen die Amseln nicht überall auf so moralische Beobachter, und ihrer urbanen Erfolgsstory stand nichts im Wege. Von Süddeutschland aus in Richtung Norden wurden die Städte von Amseln besiedelt. 1888 konstatierte Seidel, dass die süddeutschen Städte vor Amseln wimmelten, diese nun auch in Dresden, Braunschweig und Leipzig ungemein häufig seien und in Berlin kürzlich vermehrt brütende Amseln gesichtet wurden. Schwerin war dagegen zu diesem Zeitpunkt noch amselleer. In Kaliningrad, dem ehemaligen Königsberg, begann die Stadtbesiedelung erst nach 1930.

Der Wechsel vom Wald- zum Stadtleben brachte immense Veränderungen mit sich. Zunächst einmal wurden in der Stadt aus den Zugvögeln innerhalb weniger Generationen reine Standvögel, die auch die Winter hier verbrachten. »Alle Vögel sind schon da, … Amsel, Drossel, Fink und Star …«, dichtete Hoffmann von Fallersleben 1835 noch. Das bis heute bestens bekannte Volkslied zählt also die Amsel eindeutig zu den Zugvögeln. In Bert Brechts Gedicht »Die Vögel warten im Winter vor dem Fenster« stellt sich das 120 Jahre später ganz anders dar:

Ich bin die Amsel.
Kinder, ich bin am Ende.
Und ich war es, die den ganzen Sommer lang
Früh im Dämmergrau in Nachbars Garten sang.
Bitte um eine kleine Spende.
Amsel, komm nach vorn,
Amsel, hier ist dein Korn.
Und besten Dank für die Arbeit!

Nicht zuletzt dank guter Zufütterung verbringt die Amsel nun den gesamten Winter bei uns. Selbst in Skandinavien, genauer in Finnland, wo bis vor kurzem noch alle Amseln im Winter in wärmere Gebiete Europas zogen, gibt es neuerdings den Trend zur Jahresresidenz.

Das »Doppelleben« der Amsel-Art als scheuer Waldvogel oder mondäne Städterin weckte das Interesse der Wissenschaft. Welche Teile des Verhaltens und Lebensstils würden sich in der Stadt anders gestalten als im Wald? Das Forschungsszenario ist ungewöhnlich. Amselforscherinnen bereisen keine pittoresken Naturschauplätze im hintersten Winkel der Welt. Ihre Ziele sind stattdessen europäische Metropolen und die Wälder ringsherum. Mir wurde berichtet, dass die Abrechnungen der ersten Forschungsreisen dieser Art strenge Nachfragen bei der Finanzabteilung nach sich zogen. Eine Verhaltensbiologin gehört ins Camp oder Zelt, aber in ein Cityhotel? Aber da verschiedene Vogelarten ihr Leben direkt vor unserer Haustür einrichten, sollten wir sie auch genau dort beforschen. Nun: Amseln im Zentrum Wiens singen in höheren Frequenzen und mit längeren Pausen als Vögel in den Wäldern rund um Wien. In Leipzigs City sowie in Parkanlagen und Wäldern wurde der Einfluss von Stadtgeräuschen und Licht auf den Abendchorus der Amseln untersucht. Vor allem der Verkehrslärm führt dazu, dass die City-Amseln bis in die Nacht hinein singen, wobei auch die helle Beleuchtung eine Rolle spielt. An Amseln in und bei München konnte gezeigt werden, dass die urbanen Vögel ganze 19 Tage früher in Brutmodus kommen als die Waldvögel. Der Grund dafür ist, dass, bedingt durch die artifizielle Beleuchtung, in der Stadt der Tag als länger wahrgenommen wird, als er ist. Um zu untersuchen, ob Stadt- oder Waldamseln stärkerem Stress ausgesetzt sind, wurden mit Granada, Sevilla, Madrid, Dijon und Turku gleich fünf Metropolen beforscht. Obwohl sich die Ergebnisse der fünf Stadt-Wald-Vergleiche im Detail unterschieden, konnte insgesamt konstatiert werden, dass sich die physiologischen Stress-Parameter nicht zwischen City und Wald unterscheiden. Schließlich wurde am Flughafen von Madrid noch genauer hingehört. Amseln, die gegen den Lärm startender und landender Flugzeuge ansangen, erhöhten nicht die Tonlage ihres Gesangs, aber sie sangen länger. Das Anhängsel am Ende einer Strophe wurde dabei oft weggelassen. Mit fortlaufender Gesangssaison verschob sich die Zeit des Sonnenaufgangs und somit des Morgenchorus so weit nach vorne, dass Gesang und Flugzeuglärm nicht mehr überlapp ten, denn die Flugzeuge starteten so früh noch nicht. Sofort kehrten die Amseln zu ihrem »normalen« Gesangsverhalten zurück. Wenngleich uns all diese Befunde plausibel und sinnvoll erscheinen mögen, zeugen sie doch von großer Plastizität im Verhalten der Amsel. Dies dürfte der Grund für ihre urbane Erfolgsgeschichte sein.

Als die Amsel noch scheuer Waldvogel war, wurde ihr, vielleicht wegen ihres Aussehens und ihres erschreckenden Krakeelens, allerlei Hokuspokus angedichtet. So hieß es etwa, dass mit rotem Faden umbundene Federn aus dem rechten Flügel einer Amsel alle im Haus zu Schlaflosigkeit verdammten. Ein Amselherz unter dem Kopfkissen soll dazu führen, dass der oder die Schlafende alles erzählt, was sie am Tag erlebt hat. Und wenn Amseleier und Quecksilber in der Badestube lägen, würden die Weiber nackt aus dem Bad rennen. Soso. Dergleichen schwarzmagische Fähigkeiten haben der Beliebtheit der Amsel als singender Hausgenosse im Käfig nichts anhaben können. Als Speisevogel schätzte man sie dagegen weniger. Im Französischen gibt es sogar ein Sprichwort dazu: Faute de grives on mange des merles (etwa: Mangels Drosseln essen wir Amseln). Die Rolle der Amsel entspricht in etwa der der Fliegen, die der Teufel in der Not frisst.

Und heutzutage? Ein Song der Beatles heißt nicht nur »Blackbird«, er endet sogar mit einem Stück echten Amselgesangs. Das von Paul McCartney komponierte Lied erschien 1968 auf dem »White Album« und wurde unzählige

Male gecovert, ganz aktuell zum Beispiel von Beyoncé. Die Amsel mit dem gebrochenen Flügel und den eingesunkenen Augen stand symbolisch für die Frauen der Bürgerrechtsbewegung und deren Kampf gegen Diskriminierung, für Freiheit. Längst beziehen es Hörerinnen auf ihre ganz eigenen Kämpfe und Probleme. Der Flug als Befreiung. Dafür ist der »schwermutsreiche« Amselgesang eine gute musikalische Untermalung.

In diesem Buch war oft die Rede davon, wie Vogelgesang uns begleitet, wie er uns Mut macht, manchmal nervt, unser Jahr strukturiert, uns Ruhe und Freude schenkt und ein vielfaches Echo in Musik und Poesie findet. Wenn wir in ferne Länder reisen, erfreut uns ein von zu Hause vertrauter Gesang. Oder er verwirrt uns, weil er in Nuancen anders klingt.

Vogelgesang kann Trost spenden bis in die letzten Stunden eines Lebens. Wir müssen dafür sorgen, dass er weiter zu hören bleibt, nach uns.

Als ich in weißem Krankenzimmer der Charité
Aufwachte gegen Morgen zu
Und eine Amsel hörte, wußte ich
Es besser. Schon seit geraumer Zeit
Hatte ich keine Todesfurcht mehr. Da ja nichts
Mir je fehlen kann, vorausgesetzt
Ich selber fehle. Jetzt
Gelang es mir, mich zu freuen
Alles Amselgesanges nach mir auch.

Bertolt Brecht

Die Feldlerche

Name: Feldlerche, *Alauda arvensis* (*Linnaeus 1758*)

Verwandtschaft: Die Familie der Lerchen *Alaudidae* umfasst über 90 Arten, die zumeist in Asien und Afrika beheimatet sind. Hierzulande leben neben der Feldlerche noch die Haubenlerche und die Heidelerche.

BMI: 16-18 cm groß. Auffällig ist das Häubchen, das Männchen bei Bedarf aufstellen können. Deswegen sind es aber noch keine Haubenlerchen, das ist eine andere Art.

Reiselust: Last-Minute-Reisende. Bei unpassenden Wetterbedingungen wird in passendere Gefilde, meist im Süden Europas, ausgewichen. Strichzieher nennt man das.

Beziehungsstatus/Familienmodell: Sozial monogam für eine Saison. Männchen etablieren im Frühjahr Reviere, Weibchen gesellen sich dann im Revier der Wahl dazu. Männchen ohne Revier bekommen auch kein Weibchen.

Sangeskunst: Singraketen – langanhaltende Singflüge mit ununterbrochenen Folgen von Elementen, häufig mehrfach wiederholt. Dabei wird ein Spiralflug ausgeführt, beendet von einem Sturzflug bis knapp über den Boden. Auch die Weibchen singen, jedoch vom Boden aus.

Kinderstube: Häufig sind 2 Bruten pro Jahr, die erste kann schon im März beginnen. 2-6 Eier im Nest.

Speisekarte: Angepasst an die Jahreszeit im Sommer eher tierische Nahrung, im Winter vegetarische mit Samen, Keimlingen und jungen Trieben.

Wissenschaft: Der »Dear Enemy Effect« beschreibt, dass benachbarte Tiere weniger aggressiv gegeneinander als gegen fremde Artgenossen sind. Bei der Feldlerche trägt dazu offensichtlich eine bestimmte Gesangssequenz bei, die die Siedler eines Gebietes teilen und sich damit als »liebe Feinde« zu erkennen geben.

Beziehung zum Menschen: Das Vorkommen in landwirtschaftlich genutzten Räumen hat aus der Lerche einen Vogel der guten Omen gemacht. Günstiges Wetter, eine gute Ernte oder überhaupt Reichtum und Glück wurden mit ihrem Gesang vorhergesagt. Trotz oder gerade wegen starker Bestandsverluste in intensiv bewirtschafteten Agrarlandschaften bis heute sehr beliebt, schon zweimal »Vogel des Jahres« in Deutschland.

Legendenbildung: Die tirilierende Verbindung zwischen Himmel und Erde wurde als Gotteslob gedeutet. Vielfach bedichtet, zum Beispiel von Shakespeare, Shelley, Goethe, Schiller, Kleist, Rilke und anderen bis hin zu vielen Dichterinnen der Moderne. Gutes aus der Küche: In Leipzigs Bäckereien wurden statt der Vögel nach Verbot des Fangs 1876 kleine süße Pasteten gebacken: Leipziger Lerchen.

Der Star

Name: Star, *Sturnus vulgaris* (*Linnaeus 1758*)

Verwandtschaft: Das Flaggschiff der Familie der Stare: am weitesten verbreitet, am häufigsten. Zur Familie der Stare *Sturnidae* gehören über hundert Arten. Sechs Arten gelten als ausgestorben.

BMI: Etwa 20 cm lang. Männchen wiegen um die 80 g, Weibchen sind etwa 5 g leichter. Charakteristisch sind kurzer Schwanz, kurze Beine und große Füße.

Reiselust: Im Norden und Osten Europas eher Mittelstrecken-Zieher. Im Westen bleiben Stare meist das ganze Jahr über im Brutgebiet.

Beziehungsstatus/Familienmodell: Flexibel. »Ehen« dauern so lange wie eine Brut. Auch Polygynie ist nicht selten, wobei ein Männchen sich mit zwei Weibchen gleichzeitig oder auch sukzessive zwecks Brutversuch verpaart.

Sangeskunst: Stare zwitschern, knirschen, knattern höchst vielseitig. Nicht selten werden Elemente von anderen Singvögeln geborgt. Seinen Gesangsvortrag untermalt der männliche Star mit zuckenden und kreisenden Flügeln.

Kinderstube: Meist nur eine Brut pro Jahr mit 4-8 Eiern.

Speisekarte: Im Frühsommer und Sommer vor allem Insekten, Larven und Würmer. Im Rest des Jahres Obst und Beeren aller Art.

Wissenschaft: Die riesigen Starenschwärme über Rom und anderen Großstädten haben wissenschaftlicher Forschung Material zu der Frage geliefert, wie komplexe Bewegungs- und Reaktionsmuster eines solchen »Superorganismus« mittels weniger Regeln realisiert werden können.

Beziehung zum Menschen: Ihr Appetit auf Kirschen, Äpfel, Weintrauben und Oliven in Kombination mit ihrem massenhaften Auftreten fordern Vergrämungsideen heraus ebenso wie die Gefahr, die Starenschwärme für Flugzeuge darstellen können. Seine Motivation, Klänge aus der Umwelt in sein eigenes Repertoire aufzunehmen, hat ihn früher zu einem gern gehaltenen Stubenvogel gemacht.

Legendenbildung: Diverse mystische Kräfte wurden Staren zugeschrieben. Nach Hildegard von Bingen kann Starenpulver gegen Geschwüre helfen. Stare mit gesträubten Federn zeigen angeblich an, ob eine Speise vergiftet wurde. Ein höchst »musikalischer« Vogel: sogar Mozart hatte einen Star. Wie wir vor allem von Kuro, dem zahmen Star der Familie Iizuka in Kanada, wissen, behandelt ein gezähmter Star seine Familienmitglieder so, als wären es Artgenossen.

Die Rauchschwalbe

Name: Rauchschwalbe, *Hirundo rustica* (*Linnaeus 1758*)

Verwandtschaft: Vier Schwalbenarten leben in Europa. Die Rauchschwalbe ist die einzige, die sowohl in der Alten als auch in der Neuen Welt heimisch ist.

BMI: Während der Brut wiegen Schwalben 18-20 g. Bei massiven Regen- und Kälteeinbrüchen sinkt das Gewicht rasch. Männchen, Weibchen und Jungtiere lassen sich an der Länge der Schwanzfedern unterscheiden. Männchen haben die längsten.

Reiselust: »An Maria Geburt ziehn die Schwalben furt«. Tatsächlich, rund um den 9. September geht es für alle hiesigen Rauchschwalben los in Richtung Afrika. Rückkehr Ende März.

Beziehungsstatus/Familienmodell: Sozial monogam. Allerdings muss sich auch ein verpaartes Männchen weiter ins Zeug legen. Ist es bei Beginn der Zweitbrut nicht mehr in bester Verfassung, steigt der Anteil außerehelich befruchteter Eier.

Sangeskunst: Beim Solo-Gesang der Männchen ist besonders im »Rasseln« viel Information kodiert. Abgesehen davon zwitschern alle Rauchschwalben während der vielen Gruppenaktivitäten miteinander.

Kinderstube: Ca. 3-6 Eier, 2 Bruten pro Jahr. Bei schlechtem Wetter wird der Beginn des Brütens verschoben, manchmal um Wochen.

Speisekarte: Ausschließlich fliegende Insekten; diese werden im Flug aus der Luft gelöffelt.

Wissenschaft: Ein sehr langer und symmetrischer Schwanz ist Indikator für ein gutes Immunsystem und wird entsprechend von Weibchen präferiert. Bei der in Nordamerika brütenden Unterart ließen sich diese Befunde allerdings nicht replizieren. Hier ist die Rötung der Kehle das entscheidende Kriterium.

Beziehung zum Menschen: Schwalben leben in Ställen, früher auch in den Häusern, sie waren als Vertilger von Insekten sehr willkommen. Konnten sich so auch in kühleren Gefilden ansiedeln. Insgesamt recht positives Image, Frühlingsbotin.

Legendenbildung: Sehr vielfältig. Shakespeare preist die Rauchschwalbe in *Macbeth*, in Monty Pythons *Ritter der Kokosnuss* gibt es einen absurden Dialog darüber, ob Schwalben Kokosnüsse transportieren können. Die Schwalbe als beliebtes Tattoo-Motiv geht auf Matrosen und Seemänner zurück, für die die Vögel Vorboten des Landes und der Heimat waren. Ein in der DDR gebauter Motorroller »Schwalbe« hat mittlerweile Kultstatus. Nur auf dem Fußballplatz ist der Vogel unerwünscht.

Der Haussperling

Name: Haussperling, *Passer domesticus* (*Linnaeus 1758*), genannt Spatz.

Verwandtschaft: Zur Familie der Sperlinge *Passeridae* zählen weltweit 37 Arten. Neben dem Spatz leben in weiten Teilen Europas der Feldsperling, im Mittelmeerraum der Stein-, Weiden- und der Italiensperling sowie in den Alpen der Schneesperling.

BMI: 30-32 g schwer, 14-16 cm groß. Großer Kopf und kräftiger Schnabel. Am Boden fast nur hüpfend, nicht laufend.

Reiselust: Kaum ausgeprägt. Aktionsradius in der Stadt etwa 50 Meter, auf dem Land etwa 400 Meter. Selbst Jungtiere siedeln sich meist nur wenige Kilometer entfernt vom Elternnest an. Nur vereinzelt sind individuelle Wanderungen bis zu 70 km bekannt.

Beziehungsstatus/Familienmodell: Dauerehe. Paare erkennen sich visuell und an der Stimme.

Sangeskunst: Tschilpen, schülpen, krakeelen. In der Literatur finden sich zuhauf despektierliche Äußerungen über den Spatzen-Gesang.

Kinderstube: Ca. 15 Jungtiere pro Brutsaison (bis zu 4 Bruten jeweils mit 4-6 Eiern).

Speisekarte: Vorwiegend vegetarisch, Körner und Samen. In der Stadt komplett flexitarisch. Jungtiere werden fast ausschließlich mit tierischer Nahrung gefüttert.

Wissenschaft: Spatzen werden vor allem wegen ihrer starken individuellen und geografischen Variation erforscht, denn hier wird der Grund für ihren Welterfolg vermutet. Darüber hinaus sind sie ein genetischer Modellorganismus. Ihr Genom ist vollständig entschlüsselt. Der Gesang wurde zwar hinsichtlich seiner neuronalen und hormonellen Grundlagen untersucht, Studien zur Funktion des Singens sind jedoch vergleichsweise rar.

Beziehung zum Menschen: Sehr, sehr eng. Dadurch aber kompliziert. Immer wieder groß angelegte Vertreibungs- und Vernichtungsaktionen.

Legendenbildung: Namensgeber für eine Mehlspeise (Spätzle) und ein Gebäck (Feuerspatzen, eine Art Quarkbällchen), diverse Chöre und die Kastelruther Spatzen. Außerdem für ungezählte Kitas: »Spatzennest«. Es gibt Erich, Hans und Franz, die Protagonisten im Wintergedicht »Die drei Spatzen« von Bertolt Brecht. Menschliches Alter Ego: Johnny Depp als Captain Jack Sparrow, Edith Piaf als Spatz von Paris.

Das Rotkehlchen

Name: Rotkehlchen, *Erithacus rubecula* (*Linnaeus 1758*). Gehört zu den sehr wenigen Arten mit Diminutiv im deutschen Artnamen.

Verwandtschaft: Das Rotkehlchen gehört zur Familie der *Muscicapidae* und ist einziger Vertreter der Gattung *Erithacus*. Bis heute andauernde wissenschaftliche Dispute darüber, wie viele Unterarten es sind. Die andersfarbigen Kehlchen-Arten gehören zur Familie, aber nicht zur engeren Verwandtschaft.

BMI: 15-20 g schwer, sehr variabel je nach Jahreszeit und individuellem Zustand; 12,5-14 cm groß. Langer, gestufter Schwanz und rundlich wirkender Torso, quasi ohne Hals. Lange Beine und aufrechte Haltung.

Reiselust: Individualtouristen. Manche ziehen gar nicht und bleiben im Brutgebiet, andere sind als Teilzieher bei kalter Witterung in Richtung milderer Gefilde unterwegs, jedoch kaum über das Mittelmeer hinaus.

Beziehungsstatus/Familienmodell: Es ist zu lesen, dass das Männchen sich erst an das rote Lätzchen der Partnerin gewöhnen muss, denn die rötliche Färbung kann Aggression auslösen. Wenn diese Hürde genommen ist, stabile Ehe für eine Brutsaison. Außereheliche Vaterschaften sind selten (erste Studie: eine von 7 Familien, 2 von 48 Nestlingen).

Sangeskunst: Gesungen wird von Männchen und Weibchen, zur Brutzeit ebenso wie im Herbst, sogar im Winter. Der Gesang wird als perlend und melancholisch beschrieben.

Kinderstube: Ca. 9 Jungtiere pro Brutsaison (meist 2 Bruten mit jeweils 4-5 Eiern).

Speisekarte: Insekten in allen Lebensstadien, im Herbst auch Beeren und Früchte. Es gibt Nachweise, dass Rotkehlchen bei Gelegenheit auch erfolgreich fischen.

Wissenschaft: Forschungen am Rotkehlchen verrieten, wie sich Vögel beim Zug orientieren. Relevant ist ein Magnetkompass im rechten Auge.

Beziehung zum Menschen: Durchweg positiv. In der Weihnachtszeit omnipräsentes Symbol.

Legendenbildung: Das Rotkehlchen spielt eine zentrale Figur im Roman *Der geheime Garten*. In der Verfilmung von 2020 gibt es ein vollständig computeranimiertes Rotkehlchen. Das können noch nicht viele (Sing-)Vögel von sich behaupten.

Die Blaumeise

Name: Blaumeise, *Cyanistes caeruleus* (*Linnaeus 1758*). Es gibt gar nicht viele blau gefiederte Vögel in hiesigen Breiten, die meisten davon führen die Farbe im Namen – wie die Blaumeise.

Verwandtschaft: Zur Familie der Meisen gehören über 50 Arten. Aufgrund des gemeinsamen Auftretens und der ähnlichen Lebensweise werden Blau- und Kohlmeise häufig in einem Atemzug genannt. Sie gehören aber nicht der gleichen Gattung an.

BMI: Mit 11-12 g das Leichtgewicht unter den hier porträtierten Arten.

Reiselust: Wozu in die Ferne schweifen, wenn man auch hier genug Nahrung in der kalten Jahreszeit findet? Meist Standortvögel. Jungvögel zeigen Dismigration. Das heißt, sie entfernen sich ungezielt in irgendeine Richtung vom Ort des Schlüpfens.

Beziehungsstatus/Familienmodell: Männchen und Weibchen bilden zusammen eine Brutgemeinschaft, allerdings gibt es zu beachtlichen Anteilen »außerehelichen« Nachwuchs.

Sangeskunst: Schon mitten im Winter ist der Gesang zu hören. Wenige Strophentypen, meist mit einem charakteristischen Trill. Auch die Weibchen singen.

Kinderstube: Einhergehend mit der globalen Erwärmung beginnt das Brüten immer früher im Jahr. Große Gelege mit 6-12 Eiern, bis 17 wurden gezählt. Meist nur eine Brut im Jahr.

Speisekarte: Vorwiegend Insekten und Spinnen.

Wissenschaft: Modell zur Untersuchung von Tradition und Kultur beim Nahrungserwerb.

Beziehung zum Menschen: Sehr gut. Willkommener Gast in Meisenkästen, an Meisenknödeln und in Futterhäuschen. Es heißt, wer Blaumeisen im Garten habe, brauche sich vor Pflanzenschädlingen nicht zu fürchten.

Legendenbildung: Als Dekorationsobjekt und -motiv fast so beliebt wie das Rotkehlchen, nur nicht so stark an die Weihnachtszeit gebunden. Menschliches Alter Ego: Was agiles Auftreten, witzige Bewegungen und den Erfindungsgeist angeht, können es Blaumeisen mit der Blue Man Group aufnehmen.

Die Elster

Name: Elster, *Pica pica* (*Linnaeus 1758*)

Verwandtschaft: Zur Familie der Rabenvögel gehörend, gemeinsam mit den Hähern, Raben und Krähen. Davon gehören vier Arten zur Gattung »Pica«.

BMI: Männer wiegen um die 220 g, weibliche Tiere etwa 30 g weniger. Das Gewicht unterliegt im Jahresverlauf starken Schwankungen. Inklusive Schwanz wird eine Länge von bis zu einem halben Meter erreicht.

Reiselust: Standvogel. Im Winter tun sie sich vor Ort mitunter zu Gruppen zusammen.

Beziehungsstatus/Familienmodell: Dauerehe. Tiere bleiben oft ein Leben lang zusammen.

Sangeskunst: So wenig ausgeprägt, dass die Elster häufig gar nicht als Singvogelart gesehen wird. Elstern schackern sehr häufig, aber sie singen selten.

Kinderstube: Typisch sind Gelege mit 4-7 Eiern. Gebrütet wird einmal pro Jahr, nur bei Verlust des ersten Nestes wird nachgebrütet. Viele erfolglose Bruten, vor allem, da die Nester geplündert werden.

Speisekarte: Einfach alles. Das allermeiste davon ist tierischen Ursprungs.

Wissenschaft: Elstern wurden aufgrund ihrer ungewöhnlichen Gedächtnisleistungen vor allem in der vergleichenden Kognitionsforschung untersucht. Sie gehören zu den wenigen Arten, die den »Spiegel-Test« zur Selbstwahrnehmung bestanden haben.

Beziehung zum Menschen: Schwierig. In der nordischen Mythologie als Unglücksbotin, nachfolgend verschrien als mit dem Teufel paktierend. In asiatischen und amerikanischen Kulturen dagegen als gutes Omen geachtet.

Legendenbildung: Als Unglücksbotin, auch als Juwelendiebin in Opern und Krimis. Selbst bei Vogelfreunden als Nesträuberin verschrien. Dass die elektronische Version der Lohnsteuererklärung in Deutschland ausgerechnet ELSTER heißt, hat der Vogel nicht verdient! Charlie Gilmours schildert in seinem Buch *Elsterleben* sein Zusammenleben mit der Elster Benzene als Rahmen seiner eigenen Coming-of-Age-Geschichte.

Die Nachtigall

Name: Nachtigall, *Luscinia megarhynchos* (*Brehm 1831*). In der Dichtung häufig Philomele genannt.

Verwandtschaft: Aufgrund genetischer Befunde neuerdings zu den Schnäppern gehörend, obwohl sie keineswegs Insekten aus der Luft »schnäppert«. Zur Gattung Luscinia gehören neben der Zwillingsart Sprosser auch das Blaukehlchen und einige in Asien beheimatete Kehlchenarten.

BMI: Recht langbeinig und langschwänzig. Gewicht im Mittel um die 22 g. Männchen und Weibchen sind monomorph, also in der Außenansicht nicht zu unterscheiden.

Reiselust: Obligate Langstreckenzieher. November bis März werden im Westen Afrikas südlich der Sahara verbracht. Pro Zug über 2000 km. Auf dem Zug solitär, doch scheinen Vögel der gleichen Brutgegend sich auch in Afrika in einer Hood zu treffen.

Beziehungsstatus/Familienmodell: Saisonale Ehe zum Zwecke der gemeinsamen Jungenaufzucht. Manchmal tun sich Männchen und

Weibchen über mehrere Jahre hinweg immer wieder zusammen. Ob auch die Zeiten in Afrika gemeinsam verbracht werden, ist unbekannt. Wie Vaterschaftsanalysen gezeigt haben, sind Nachtigallen keinesfalls streng monogam.

Sangeskunst: Ungewöhnlich versatil. Etwa 200 Strophen singt ein Männchen, alle werden gelernt, wobei die Vögel auch nach dem ersten Jahr ihren Gesang weiter verändern.

Kinderstube: Nachtigallen brüten nur einmalig pro Jahr, im Nest sind im Mittel 5 Eier.

Speisekarte: Die Nachtigall ist vorwiegend insektivor. Um vor dem Zug Fettreserven aufzufüllen, wird auf Mischkost mit Beeren und Pflanzlichem umgestellt.

Wissenschaft: Das Gesangslernen der Nachtigall wurde intensiv untersucht. Dabei fiel vor allem die Ähnlichkeit zum Spracherwerb von Kleinkindern auf. Aus einsilbigem, sehr variablem Gebabbel ohne »Punkt und Komma« werden Worte, dann Sätze bzw. Strophen, dann Gesänge.

Beziehung zum Menschen: Kultstatus. Wie häufig bei Idolen geht es dabei eher um Projektion, nicht unbedingt um biologisches Verständnis. Nicht umsonst dienen die Nachtigall und ihr Gesang auch als Allegorie zur Beschreibung der Diskrepanz von Künstlerin und Werk.

Legendenbildung: Nachgerade unübersichtlich in seiner Vielfalt. Beispiele sind die Kunstmärchen von Oscar Wilde und Hans Christian Andersen und der Diskurs von Romeo und Julia. Menschliches Alter Ego: Die Nachtigall von Ramersdorf! Seine hohe Stimme hatte dem Sänger und Schauspieler Friedrich Steinhauer diesen Spitznamen eingebracht. Er sang in Münchener und Berliner Kneipen, wie eine echte Nachtigall mitunter herausfordernd laut und ausdauernd.

Der Hausrotschwanz

Name: Hausrotschwanz, *Phoenicurus ochruros* (*Gmelin 1774*). Gmelin beschrieb die Art in seinem Expeditionsbericht *Reise durch Russland zur Untersuchung der drey Natur-Reiche*. Bis Asien musste er damals reisen, um die Art zu beschreiben. Heute wäre vielerorts ein Gang um den Block ausreichend.

Verwandtschaft: Von den 11 Vertretern der Gattung *Phoenicurus* ist bei uns neben dem Hausrotschwanz nur der Gartenrotschwanz näher bekannt. Namensgebend für alle ist der rostrote Schwanz.

BMI: Etwa 14 cm lang, auffällig lange Beine. Wahlweise aufrecht sitzend oder knicksend und wippend, mit zitterndem Schwanz. Das Gefieder der Männchen ist im Vergleich zu den Weibchen deutlich farbenfroher.

Reiselust: Weicht zwischen November und März nach Nordafrika oder in den Nahen Osten aus. Vor Abreise wird in Form des Herbstgesangs aber schon mal das Handtuch für die nächste Brutsaison ausgelegt.

Beziehungsstatus/Familienmodell: Funktional monogam, allerdings gibt es bei günstigen Bedingungen Bigynie: Ein Männchen verpaart sich mit zwei Weibchen. Hausrotschwänze haben einen Hang zum Exhibitionismus: Kopulation häufig an exponierten Stellen.

Sangeskunst: Wegen der harsch knirschend klingenden Gesangsteile oft geschmäht. Singt so früh am Morgen, dass sich »Nachtschwärmer« beim Nachhausekommen ertappt fühlen.

Kinderstube: Zwei, mitunter auch drei Jahresbruten mit je 5 Eiern.

Speisekarte: Macht von einer Warte aus Jagd auf Insekten, Spinnen, Schnecken, fängt aber auch aus der Luft oder sucht den Boden ab. Warum Hausrotschwänze mitunter Beeren fressen, ist unklar.

Wissenschaft: Am Hausrotschwanz wurde exemplarisch untersucht, wie Hormone Aussehen, Verhalten und Lebensgeschichte regulieren.

Beziehung zum Menschen: Noch recht frisch. Hausrotschwänze wissen städtische Strukturen gut für ihre Zwecke zu nutzen. Straßenlaternen erlauben es, auch in der Nacht zu jagen, Gebäude bieten Brutoptionen, kurz gehaltene Rasenflächen erleichtern das Jagen (es gibt also tatsächlich Vögel, die von der Unsitte übermäßigen Rasenmähens profitieren).

Legendenbildung: Noch in den Anfängen. Regional als Unglücksbote für bevorstehende Brände oder Todesfälle gefürchtet, bei Milchbäuerinnen als Auslöser von Blutmilch. Husröteli, Rothüserli, Rotzigeli, Garderetele, Brantele, Dachspatz sind nur wenige Beispiele für die vielen Namen, die der Hausrotschwanz regional bekam, meist wohl in Bezug auf seine rot-schwarze Färbung.

Die Amsel

Name: Amsel, auch Schwarzdrossel, *Turdus merula* (*Linnaeus 1758*)

Verwandtschaft: Weitverzweigt. Die Amsel ist eine Drossel! Innerhalb der Familie der Drosseln Turdidae ist die Gattung der Drosseln Turdus mit etwa 65 Arten eine der größten unter den Singvögeln.

BMI: Etwa 25 cm lang, um die 90-100 g schwer, damit abgesehen von der Elster das Schwergewicht unter den hier porträtierten Vögeln. Durch den Aufbau von Fettreserven im Winter schwankt das Gewicht im Jahresverlauf, im Winter sind die Tiere etwa doppelt so schwer wie im Sommer.

Reiselust: Geographisch variierend: Amseln aus dem Norden sind immer Zugvögel, aber nur innerhalb von Europa Richtung Südwesten. Von den mitteleuropäischen Amseln ziehen einige und andere nicht, im Süden Europas ist die Amsel ein Standvogel.

Beziehungsstatus/Familienmodell: Sozial monogam, jedoch mit Seitensprungpotenzial: etwa jedes fünfte Küken ist nicht vom Ziehvater gezeugt.

Sangeskunst: Melodiöses Flöten, sehr gut mit menschen-musikalischen Begriffen zu beschreiben, wird als kreativ gedeutet. Kann aber auch gehörig zetern und meckern. Und bei Bedrohung wird getixt.

Kinderstube: Meist 2-3 Bruten pro Jahr, 4-5 Eier pro Gelege. Mitunter Schachtelbruten: Die Küken der ersten Brut werden vom Männchen allein gefüttert, während das Weibchen bereits einen nächsten Brutversuch beginnt. In der Stadt große Flexibilität bei der Nestplatzwahl. Etwa auf oder in runden Buchstaben von Leuchtreklamen.

Speisekarte: Flexitarier mit großen Anteilen tierischer Nahrung. Auch größere Wirbellose wie Regenwürmer, Schnecken und Käfer werden vertilgt, ebenso mitunter Wirbeltiere wie Eidechsen, Frösche und Mäuse.

Wissenschaft: An Amseln wird modellhaft erforscht, wie sich das Verhalten, der Gesang und die Tagesabläufe der Tiere durch das Leben in der Stadt verändern. Verglichen wird dabei jeweils mit einer Waldpopulation außerhalb der Stadt.

Beziehung zum Menschen: Schon als die Amsel noch scheuer Waldvogel war, fiel ihr Gesang positiv auf: »Die amschel schwelget auf der fleten«, würdigte sie Hans Sachs schon im Mittelalter. Die erst vor etwa 150 Jahren in die Städte gezogenen Amseln verdanken ihren Erfolg der großen Flexibilität hinsichtlich ihrer Ernährung und Nistplatzwahl.

Legendenbildung: Meist als Sinnbild der Melancholie beschrieben. Durch die Jahrhunderte vielfältige Auftritte in der Musik. Im letzten Jahrhundert wurde speziell der Stadtamsel gehuldigt. Ganz aktuell zum Beispiel »Blackbirds BLN« von Peter Fox. Soundtrack des Sommers.

Quellen

Seite 15: William Shakespeare, *Romeo und Julia*, in der Übersetzung von August Wilhelm Schlegel, in: William Shakespeare, Tragödien, Berlin 1988, S. 138 (dritter Aufzug, fünfte Szene).

Seite 19: Klaus Nüchtern, *Famose Vögel*, Wien 2023, S. 48.

Seite 20: Rainer Maria Rilke, *Das Buch der Bilder*, 1. Buch, Berlin 1906, S. 10.

Seite 20: Nikolaus Lenau, *Gedichte*, Stuttgart 1832, S. 123.

Seite 21: Hedwig von Hohenwald, *Illustriertes Viktoria-Kochbuch der nord- und süddeutschen Küche*, Oranienburg 1891, S. 359.

Seite 22: Mathilde Erhardt, *Grosses illustriertes Kochbuch*, Berlin 1904, S. 337.

Seite 30: zitiert nach Gustav Nottebohm, *Mozartiana*, Leipzig 1880, S. 8.

Seite 40: Heinrich Seidel, *Natursänger*, Leipzig 1888, S. 83.

Seite 49f.: Immanuel Kant, *Über Pädagogik*, Königsberg 1803, S. 5.

Seite 56f.: Rosa Luxemburg, *Briefe aus dem Gefängnis*, Berlin 1922, S. 61.

Seite 65: Johann Friedrich Naumann, *Die Vögel Mitteleuropas*, Berlin 2020, S. 269.

Seite 68: Heinrich Seidel, a.a.O., S. 66.

Seite 69: Frances Hodgson Burnett, *Der geheime Garten*, Berlin 2010, S. 93.

Seite 76: Conrad Gessner, *Vogelbuch oder außführliche Beschreibung und lebendige, ja auch eygentliche Controfactur und Abmahlung aller und jeder Vögel, wie dieselben unter dem weiten Himmel allenthalben gefunden und gesehen werden*, Frankfurt a. M. 1600, S. 376.

Seite 84: T. V. Shepard u. a., ›*The thieving magpie*‹*? No evidence for attraction to shiny objects*, in: Animal Cognition 2015 (18), S. 393.

Seite 91: Heinrich Heine, *Neue Gedichte*, Hamburg 1844, S. 15.

Seite 96: Christian Morgenstern, *Alle Galgenlieder*, Berlin 2019, S. 135.

Seite 96: Erich Fried, *Philomel' mit Melodey*, Zeit 10/1965.

Seite 98: Walther von der Vogelweide, *Leich, Lieder, Sangsprüche*, Hrsg. von Christoph Cormeau, Berlin 1996.

Seite 101 und 106: Heinrich Seidel, a.a.O., S. 114.

Seite 105: Richard Gerlach, *Die Gefiederten. Eine Galerie quicker Vögel*, Hamburg 1946, S. 35

Seite 111: Heinz Tiessen, *Musik der Natur – Über den Gesang der Vögel, insbesondere über Tonsprache und Form des Amselgesanges*, Zürich 1953.

Seite 115f.: Heinrich Seidel, a.a.O., S. 124.

Seite 117: August Heinrich Hoffmann von Fallersleben, *Gedichte. Neue Sammlung*, Breslau 1837, S. 93.

Seite 116f. und 112: Bertolt Brecht, *Die Gedichte*, Frankfurt a.M. 2000., S. 971f. und S. 1031.

2. Auflage 2025. Originalausgabe. © Insel Verlag Anton Kippenberg GmbH & Co. KG, Berlin, 2024. Alle Rechte vorbehalten. Wir behalten uns auch eine Nutzung des Werks für Text und Data Mining im Sinne von §44b UrhG vor. Bezugspapier: Marieke Nelissen, s-Hertogenbosch. Gesetzt in der Schrift Minion Pro. Gedruckt auf holzfreies, alterungsbeständiges Werkdruckpapier der Firma LENK Paper Schleipen GmbH, Bad Dürkheim, von der Memminger MedienCentrum AG, Memmingen. Gebunden in Fadenheftung von der Josef Spinner Großbuchbinderei GmbH, Ottersweier. Erste Auflage 2025. Printed in Germany. ISBN 978-3-458-19548-1.

Insel Verlag Anton Kippenberg GmbH & Co. KG
Torstraße 44, 10119 Berlin
info@insel-verlag.de
www.insel-verlag.de